pagine di scienza
iblu

Roberto Buonanno

Il cielo sopra Roma

I luoghi dell'astronomia

 Springer

Roberto Buonanno
Dipartimento di Fisica
Università di Roma "Tor Vergata"

ISBN 978-88-470-0671-3

Springer-Verlag fa parte di Springer Science+Business Media
springer.com

Collana ideata e curata da: Marina Forlizzi

Redazione: Barbara Amorese
Progetto grafico e impaginazione: Valentina Greco, Milano
Progetto grafico della copertina: Simona Colombo, Milano
Immagine di copertina: © Atlantide. Phototravel/Corbis
Stampa: Signum Srl, Bollate (Milano)

Springer-Verlag Italia S.r.l., via Decembrio 28, I-20137 Milano

Prefazione

I romani hanno confidenza con la loro città, con i Fori, i templi e le antichità, con le tante chiese e i palazzi principeschi, ma spesso non sanno cosa succeda, o sia successo, in questi luoghi.

Un tempo conoscevano gli àuguri che guardavano il cielo e attendevano da esso segni e premonizioni. Assistevano a cambiamenti profondi. Acclamavano re, politici, imperatori, papi. Computavano le ore, i giorni, i mesi secondo calcoli astronomici, che altri facevano e che i romani accettavano. A volte si ribellavano, ma le feste, le processioni e i cortei per le vie di Roma sono sempre stati uno spettacolo da non perdere e di cui i Romani si sentivano (e anche oggi continuano a sentirsi) protagonisti. I cittadini della capitale pensano e sanno molte cose e sanno anche che alcune di queste cose sono fuori dalla loro portata; sanno che alcuni argomenti bisogna lasciarli ai sapienti. Perciò quando il cannone tuonava da Castello, sapevano che era mezzogiorno e basta. Chi stabilisse l'ora e il minuto, chi scrutasse il cielo di giorno e di notte, questo non era dato sapere. Ma capivano che c'era qualcuno che guardava e studiava per loro.

C'era l'astronomia a Roma. C'è sempre stata, ma un po' nascosta: era nei palazzi, nelle chiese, o meglio, sopra le chiese, specole disseminate lungo un percorso che ormai conoscono in pochi.

Quando i romani assistettero, incuriositi e impauriti, al rogo di Giordano Bruno in un angolo di Campo de' Fiori a loro familiare, probabilmente non capirono bene di quale colpa fosse accusato, ma forse pensarono anche che quel fratellone qualcosa di male, di oscuro doveva averla fatta e non certo che si trattasse di un filosofo e di uno scienziato che aveva cercato di immaginare in che modo era fatto il mondo. Forse se ne andarono da quella piazza pieni di paura e con la convinzione che di certe cose è meglio non parlare. Era il '600 ed erano tempi terribili, non tempi bui.

Proprio in quegli anni, e già da un secolo, nei palazzi, nelle splendide biblioteche che si andavano costituendo, nelle chiese e nelle torri molti religiosi, ma anche laici, studiavano l'astronomia con la curiosità propria dell'epoca, stimolati dai nuovi strumenti provenienti dall'Olanda, dalle nuove ipotesi scientifiche e da un fermo intento di far quadrare la volta celeste con la volta divina. Di questo obbiettivo si era scritto e discusso fin dai tempi di Vitruvio e di Plinio, passando per S. Agostino e S. Tommaso, perché parlare della volta celeste era sì una curiosità naturale, ma soprattutto, un doveroso omaggio alla grandezza di Dio. Non c'è da stupirsi, quindi, che gli astronomi, dotti per eccellenza, furono anche filosofi, scienziati *ante litteram* e, soprattutto, uomini di fede. È soltanto dopo l'Umanesimo e il Rinascimento, con la riscoperta della centralità dell'uomo, che nasce un'attenzione diversa, scientifica, per l'osservazione astronomica.

Ai romani, quindi, di cosa si dicessero i sapienti cardinali nelle stanze del S. Uffizio non era dato sapere: loro attraversavano le piazze di Roma, entravano nelle chiese (quasi ogni piazza a Roma aveva la propria chiesa!), dicevano una preghiera in fretta e via, verso le faccende quotidiane.

Ma chi era questo Galileo, di cui si celebrava il processo a S. Maria sopra Minerva? Era un filosofo, uno scienziato che non era romano: meglio non impicciarsi! Era un fisico, un astronomo che guardava il cielo con quelle nuove lenti che si costruiva da sé. Era un uomo che voleva cambiare la prospettiva del mondo e che, per questo, era stato ammonito da Roberto Bellarmino.

I romani di allora conoscevano il cardinal Bellarmino, uomo dotto e potente, curioso, che si informava presso i suoi fedeli matematici su quello che Galileo diceva di aver visto col suo *occhiale*. Ma la Fede è un'altra cosa.

Essi notavano anche il fervore di notizie, di osservazioni e di calcoli matematici che avevano portato (niente meno!) a saltare dieci giorni di ottobre nel 1582 (ma non i giorni della settimana, che continuarono a scorrere come se niente fosse capitato); ma quanto al corredo di discussioni filosofiche e teologiche, i romani sapevano che era meglio girare alla larga per evitare abiure, condanne e perfino roghi. Partecipavano a feste e processioni, si inchinavano ai potenti, continuavano a essere affascinati da giochi e risse, lavoravano sodo, ma a protestare ci pensavano di notte, dando voce a Paquino, col suo enigmatico silenzio di statua portatrice di ironiche cattiverie sui potenti del momento.

Forse, è a causa di questa storia che i luoghi dell'astronomia a Roma si trovano disseminati lungo un percorso nel quale ancora oggi si possono ritrovare i segni di Osservatori Astronomici un tempo attivi e che oggi, per il tipo di attività che in essi si svolgeva, restano nascosti e misteriosi.

Proprio per questo, vale la pena non dimenticare.

Roberto Buonanno

Indice

All'interno del Vaticano

Su un lato dei giardini del Vaticano, fra il Cortile della Pigna e il Cortile Belvedere, si trova la Torre dei Venti, tozza e un po' militaresca, dentro la quale è realizzata la meridiana che, come si racconta, servì a convincere Papa Gregorio XIII che la Riforma del Calendario non era più procrastinabile.

Non fosse stato per questa, oggi ci troveremmo a festeggiare Natale il 12 Dicembre e, probabilmente, saremmo tutti scomunicati!

Ma vediamo le cose con ordine, perché si tratta di una storia complicata.

Ignazio di Loyola, convinto com'è dell'importanza della istruzione del clero e della formazione di un ambiente colto, fin dal 1551 vuole la creazione di un Collegio nel quale si impartiscano quei principi della difesa della cristianità che, assieme al fervore religioso, siano capaci di fronteggiare qualsiasi tentazione deviante, dopo la pericolosa ondata della Riforma. Il Collegio Romano – pensa Ignazio – deve costituire l'accademia colta, perchè oramai la cultura sta diventando un'esigenza diffusa e fortemente sentita nella cristianità.

Gregorio XIII, Papa Boncompagni dal 1572, uomo di fede e di formazione laica, comprende che i tempi gli impongono una gestione forte delle problematiche culturali ereditate dal Rinascimento e che la Controriforma non si può fare soltanto con l'Inquisizione e, qualche volta, con i roghi. Incoraggia quindi il programma dei gesuiti, i quali rispondono dedicandosi agli studi umanistici e filosofici e poi, sollecitati dalle scoperte e dalle nuove teorie cosmogoniche sempre più diffuse in Europa, interessandosi agli studi matematici e astronomici ad alto livello.

Forse non è facile percepire la rilevanza che all'epoca ha l'astronomia nella vita quotidiana: noi moderni non ci siamo più abituati. Così, anche se il Collegio Romano non è stato neppure inaugurato e i gesuiti restano ancora alloggiati in alcune case donate dalla Marchesa Vittoria della Tolfa, ugualmente capiscono che è loro compito urgente occuparsi del problema del nuovo Calendario, allo studio del quale Papa Gregorio ha addirittura dedicato una Torre in Vaticano.

La Riforma del Calendario

Presso molte civiltà il passare ciclico del tempo è stato misurato dal sorgere e dal tramontare della luna perché questa, passando dalla fase di luna piena alla fase di luna nuova attraverso i diversi quarti, cambia aspetto al passare del tempo e si presta quindi a funzionare come un orologio naturale.

D'altra parte tutte le attività umane come l'agricoltura e la pastorizia risultano basate in modo naturale sull'alternarsi delle stagioni e, quindi, sul movimento apparente del Sole rispetto alla Terra, per cui, quando si adotta un calendario lunare, è necessario fare in modo che i diversi periodi di tempo, gli anni e i mesi, risultino in accordo con le stagioni che regolano tali attività.

Anche i Romani, fino dal tempo di Numa Pompilio, avevano adottato un calendario lunare e, per adattarlo alla ricorrenza delle stagioni, utilizzavano un mese di lunghezza variabile. Ora, a parte il fatto che questa era certamente una grossa scomodità, la lunghezza del mese variabile era così difficile da calcolare che si era giunti al tempo di Giulio Cesare con uno scarto di quasi tre mesi fra il calendario civile e quello dettato dalla posizione del Sole. Per noi sarebbe come se a Ferragosto trovassimo ancora l'uva acerba!

Plinio il Vecchio, nel XVIII libro della Storia Naturale, ci racconta che Giulio Cesare prese il coraggio a due mani e nel 46 a.C., su suggerimento dell'astronomo Sosigene, spostò il calendario in avanti di tre mesi e adottò un calendario solare. Naturalmente, affinché il calendario potesse essere utilizzato a lungo, era necessario stabilire quanto tempo impiega il Sole a compiere un'orbita apparente attorno alla Terra, cioè quanto sia effettivamente lungo un anno solare. Sosigene stimò che il Sole ritorna nello stesso punto dell'orbita dopo 365,25 giorni. Dal momento che, in realtà, l'anno dura 365,242 giorni, la stima di Sosigene era quasi giusta. Il problema è tutto in quella parola: quasi.

Facciamo un salto in avanti di quasi quattro secoli (vi avevamo avvertito che si trattava di una storia complicata!) e arriviamo al 325 d.C. quando si tiene il Concilio Ecumenico di Nicea, presieduto da Papa Silvestro I, dove si prendono decisioni importanti, quali la condanna dell'eresia di Ario e la riaffermazione della divinità di Gesù Cristo, e dove si stabilisce anche la data nella quale si deve celebrare la Pasqua.

La questione può apparire di minore importanza rispetto agli altri argomenti esaminati nel Concilio, ma non è così.

Secondo la tradizione delle Scritture, infatti, la resurrezione di Gesù ebbe luogo durante la Pasqua ebraica, la quale viene sì celebrata secondo il calendario lunare, ma con due vincoli. Il primo è che, seguendo le disposizioni date da Mosè, la Pasqua ebraica va celebrata nel XIV giorno del mese di Nisan, in coincidenza con la Luna Piena, e il secondo è che, nel rispetto della tradizione, Nisan deve cadere in un periodo primaverile. Tuttavia, nonostante le correzioni approssimative che i rabbini effettuavono, è capitato che, poco a poco, la data della Pasqua sia scivolata indietro verso l'inverno, e questo per la Chiesa del IV secolo, in un periodo nel quale le reminiscenze pagane ancora serpeggiano fra la gente, non è accettabile, poiché la Resurrezione di Cristo deve coincidere con la primavera e la rinascita della natura.

I Padri Conciliari comprendono che l'unica maniera per evitare il riproporsi sistematico di questo problema è quello di legare la celebrazione della Pasqua cristiana al calendario solare e stabiliscono che la Pasqua vada celebrata nella prima domenica che segue il plenilunio successivo all'equinozio di primavera. A sottolineare l'importanza della decisione, il Concilio ribadisce che tutti i cristiani sono tenuti a celebrare la Resurrezione nella data indicata, pena il trovarsi fuori dalle disposizioni conciliari, in altri termini la scomunica.

Anche se a prima vista sembra complicato, il calcolo della data della Pasqua stabilita dal Concilio di Nicea e basata sul giorno nel quale si verifica l'equinozio non presenta nessun particolare problema astronomico. Il problema nasce perché la Chiesa, nella sua aspirazione di universalità, si ripromette di stilare un calendario della ricorrenza che sia valido per tutti gli uomini, anche negli anni a venire.

Poiché la lunghezza dell'anno solare fatta da Sosigene è "quasi" giusta, è evidente che, con l'andare del tempo, il moto reale del Sole si discosterà sempre più da quello "quasi" giusto sul quale si basa il calendario. Continuando così ad assumere che l'equinozio si verificherà sempre il 21 Marzo, è inevitabile che, prima o poi, si celebrerà la Pasqua in un giorno differente da quello stabilito nel Concilio di Nicea e in effetti è proprio quello che, 13 secoli dopo il Concilio, si sta verificando. Il corollario è che tutta la cristianità, Papa compreso, si trova a rischio di scomunica.

Questo è il problema che si pone ai Gesuiti del Collegio Romano.

Non si tratti di una questione del tutto nuova. Già Ruggero Bacone nel 1267 aveva segnalato a Papa Clemente IV che la Pasqua veniva celebrata a quell'epoca con quasi 9 giorni di ritardo, ma cambiare il calendario non è affare da poco. E poi ancora nessuno aveva avuto una buona idea su come mettere d'accordo l'orbita del Sole con quella della Luna, per cui la segnalazione non aveva avuto seguito.

Il problema è la durata di un anno: l'anno solare dura 365,2422 giorni, mentre quello del calendario ne conta solo 365. Si tratta allora di escogitare un modo per recuperare l'avanzo di 0,2422 giorni, cioè quasi 6 ore, ogni anno. Il calendario giuliano aveva introdotto a questo scopo gli anni bisestili, con il risultato di recuperare un po' più del necessario, per cui ogni 4 anni il tempo scandito dal calendario supera quello del Sole di più di quaranta minuti. Il problema diventa così quello di inventare un sistema col quale, ogni tanto, si azzera il vantaggio accumulato dal calendario.

La questione è così delicata e i risvolti sulla vita civile – debiti da pagare, attività da svolgere, feste da celebrare – così numerosi, che nessun papa ha una gran voglia di cacciarsi in un tale ginepraio e si arriva così alla seconda metà del Cinquecento, quando il problema è diventato, se possibile, ancora più spinoso, visto che la motivazione per il cambiamento è essenzialmente religiosa (tutto sommato, un ritardo di dieci giorni non è poi gran cosa), e ci si chiede se sia il caso di andare a toccare la suscettibilità di altre confessioni proprio mentre il vento della Riforma soffia più intenso che mai.

Si capisce quindi l'esitazione di Gregorio XIII a mettere mano alla questione e il Papa allora decide, come si fa in questi casi, di nominare una Commissione, anzi una Congregazione, come egli stesso la chiama, per lo studio del problema.

La Congregazione per la riforma del calendario viene istituita nel 1577 e, a riprova dell'importanza che il Papa le attribuisce, risulta composta da alti prelati, esperti di diritto civile e di diritto canonico, matematici e astronomi, fra i quali il gesuita del Collegio Romano, Cristoforo Clavio.

La questione è tanto complessa che la Congregazione rischia di arenarsi su dispute tecniche e ideologiche, dal momento che i rapporti con le chiese greche e medio-orientali, gelose della loro autonomia, costituiscono un terreno sul quale la mediazione politica è diventata impraticabile.

Si fronteggiano in particolare i difensori della visione oltranzista della supremazia romana e i moderati che, all'indomani della battaglia di Lepanto, prevedono che una azione unilaterale potrebbe provocare un'alienazione delle simpatie dei cristiani d'oriente.

Con questa preoccupazione Clavio, nel Giugno 1581 scrive al cardinal Santoro:

"Circa il calendario si è traversato un impedimento non piccolo... L'impedimento è brevemente questo. Fu al Papa portata una lettera a lui mandata d'un colonnello candiotto, nella quale dissuade al Papa di fare la riforma del calendario, se prima non si communichi la cosa con il Patriarca Constantinopolitano et per questo con li altri tre et ancora con li principi secolari che vivono al loro rito, come è il Moscovita, Valacho et Moldavo, etc... Vegga Vostra Signoria Reverendissima che garbo ha questa cosa, se non si vole almanco doi o tre anni, per havere risposta da questi Signori. E restammo d'accordo che noi correggesimo l'anno qua et di poi lo mandassemo alli scismatici, e se vorranno accettare bene quidem, sin minus, quid ad nos?, già che in cose più grave sono scismatici da noi"[1].

---

[1] V. Peri, 1967, *Due date un'unica Pasqua. Le origini della moderna disparità liturgica in una trattativa ecumenica tra Roma e Costantinopoli (1582-1584). Con appendice di documenti*, Vita e Pensiero, Milano

La Torre dei Venti in Vaticano attorno al 1888

La Torre dei Venti

Gregorio XIII è uomo d'azione e ordina a Ottaviano Mascherino di costruire all'interno del Vaticano una Torre, proprio allo scopo di realizzare un luogo dove approfondire gli studi sulla questione della riforma del Calendario. La Torre viene terminata nel 1580, ed è probabile che proprio questo sia il luogo dal quale il Papa riceve la spinta finale per prendere la decisione che gli suggeriscono da più parti e alla quale pensa ormai da tempo.

Ha infatti chiamato presso di sé Ignazio Danti, un padre domenicano che si è guadagnato una eccellente reputazione come astronomo realizzando le meridiane di S. Maria Novella a Firenze e di S. Petronio a Bologna. Danti è inoltre ben conosciuto anche come cartografo, da quando Cosimo de' Medici gli ha commissionato la realizzazione delle carte geografiche di tutte le terre fino ad allora conosciute e che ancora oggi arricchiscono la Sala delle

Carte di Palazzo Vecchio. Per questi motivi il Papa gli affida il compito di decorare la galleria del Belvedere nei Palazzi Vaticani con quaranta carte geografiche delle regioni e delle città italiane, carte che Danti realizza a una incredibile velocità, impiegando non più di una settimana per ognuna[2]. Le carte vengono collocate sulla parete a sinistra e su quella a destra del corridoio a seconda che la regione rappresentata si trovi a ovest o a est dell'Appennino e, anche se peccano di qualche approssimazione nell'indicazione delle strade e dell'orografia dei territori, rappresentano uno spettacolo di valore assoluto nella visita dei Musei Vaticani.

Il secondo compito che Papa Gregorio affida a Danti è quello di realizzare per la Torre del Mascherino una meridiana, che è lo strumento principale dell'astronomia dell'epoca e che il Domenicano realizza in modo da giustificare il nome di Torre dei Venti, come ancora oggi viene chiamata.

Quando si entra nella Sala della Meridiana, ci si trova circondati dagli affreschi del Pomarancio, in ognuno dei quali il vento ha il ruolo del protagonista. Sulla parete est e su quella nord sono raffigurate le allegorie dei venti che simboleggiano le eresie orientali e luterane e, sotto quest'ultima, è riportata, quasi si tratti di un presagio, la frase della Bibbia "ab Aquilone pandetur omne malum" come a dire "il vento del Nord porta qualunque disgrazia". Seguendo il progetto di Danti, poi, sulla parete ovest e su quella sud sono raffigurati l'episodio del naufragio di S. Paolo e quello della Tempesta Sedata. Negli affreschi della volta, infine, i venti che spirano dai quattro punti cardinali sono associati alle allegorie delle quattro stagioni e sul pavimento è disegnata la meridiana che dà il nome alla sala.

Per capire come funzioni la meridiana bisogna osservare con attenzione l'affresco della Tempesta Sedata, dove, in alto a destra fra le nuvole è rappresentato lo Spirito di Dio che, soffiando, genera la tempesta. A ben vedere, però, la bocca della figura divina si rivela essere in effetti un foro di pochi centimetri da cui può entrare la luce del sole che, ad una data ora della giornata e a seconda dell'altezza del sole sull'orizzonte, va a cadere su un punto diverso della meridiana. Il foro all'interno della bocca della

---

[2] J. L. Heilbron, 2005, *Il Sole nella Chiesa*, Editrice Compositori, p. 101

figura nell'affresco costituisce, in altri termini, lo gnomone della meridiana di precisione che Danti, forte della sua esperienza a S. Maria Novella e a S. Petronio, ha realizzato utilizzando il principio della camera oscura.

Una lapide collocata all'ingresso dell'edificio racconta che Papa Gregorio, assistito dagli astronomi pontifici, osserva personalmente nella Sala Meridiana che il 21 di Marzo del 1580 il dischetto prodotto dal sole che filtra dal foro sull'affresco cade a più di mezzo metro di distanza dal punto, segnato sulla meridiana, dove si sarebbe dovuto proiettare all'equinozio, il quale si è verificato più di dieci giorni prima. Sta di fatto che, senza por tempo in mezzo, Gregorio sollecita la conclusione dei lavori della Congregazione istituita qualche anno prima.

A fronte di una sollecitazione tanto autorevole, la Commissione mette da parte le controversie e le gelosie che ne avevano bloccato i lavori per diverso tempo e il 14 settembre 1580 presenta le proprie conclusioni nella relazione *Ratio corrigendi festes confirmata et nomine omnium qui ad calendarii correctionem delecti sunt oblata SS.mo D.N. Gregori XIII*, conservata nella Biblioteca Casanatense (una copia è conservata anche presso la Biblioteca Apostolica Vaticana). Il documento suggerisce di adottare la proposta, avanzata qualche anno prima da Luigi Lilio, un medico calabrese nel frattempo deceduto, consistente nel saltare 10 giorni del calendario per recuperare il ritardo accumulato dal calendario giuliano e di modificare la regola degli anni bisestili, in modo che l'accordo fra il calendario civile e quello astronomico si mantenga anche nel futuro.

Ed è così che il 1 Marzo 1582 viene pubblicata la bolla *Inter gravissimas*, a seguito della quale gran parte della cristianità si trova in quell'anno a dover passare da giovedì 4 ottobre a venerdì 15 ottobre saltando i giorni intermedi. Per mantenere, poi, il calendario al passo con la stagione astronomica si stabilisce che vengano considerati non bisestili gli anni centenari non divisibili per 400 (un modo come un altro per modificare leggermente la lunghezza dell'anno giuliano). Per questo motivo il 2000 è stato bisestile, così come previsto anche dal calendario giuliano, ma il 2100, in virtù dell'innovazione, non lo sarà.

Quanto alla scelta proprio del 4 di Ottobre come "giorno di inizio del salto" ce la spiega Clavio nella *Romani Calendari a*

Gregorio XIII Restituti Explicatio: si trattava di trovare un periodo nel quale non si perdessero celebrazioni religiose importanti, in modo da offendere il minor numero possibile di Santi che, per quell'anno, non avrebbero visto celebrata la ricorrenza e, in particolare, si doveva fare in modo di mantenere le ricorrenze di S.

GREGORIO XIII (UGO BONCOMPAGNI), che fu papa dal 1572 al 1585.
(Da un'antica stampa dell'epoca)

Gregorio XIII, Papa Ugo Boncompagni

Francesco e di S. Petronio (Gregorio XIII era bolognese!) che cadono ambedue il 4 Ottobre.

Purtroppo la *Tempesta sedata* non è facilmente visitabile, poiché la Torre dei Venti si trova sopra gli Archivi segreti Vaticani. Quello che si può fare facilmente, però, è visitare la basilica di S. Pietro e fermarsi davanti al monumento funebre di Gregorio XIII. Alla base del monumento è presente un bassorilievo che immortala Cristoforo Clavio e Antonio Lilio, fratello di Luigi, morto prima della costituzione della Commissione, nell'atto di consegnare al Papa il progetto di riforma del Calendario.

A ricompensa della studio alla base del nuovo calendario, il Papa concede il diritto esclusivo di pubblicare (e vendere) il Calendario per un periodo di dieci anni. C'è da dire che Antonio Lilio non sarà assolutamente in grado di soddisfare l'enorme numero di richieste e che il Papa dovrà, suo malgrado, revocare il diritto all'esclusiva.

Non ci resta che sperare, quindi, che la nostra visita al monumento funebre possa valere come risarcimento alla memoria dell'ideatore del nostro calendario che, pur non essendo perfetto (richiederà l'aggiustamento di 1 giorno attorno al 4700!), non lascia molto spazio alle lamentele.

Ma cosa fanno i romani in quegli anni?

Poco si sa delle plebe romana che, pure, costituisce la parte più forte di consenso al Papa il quale, con parate, feste comandate, editti e bolle, governa direttamente sui suoi sudditi. Certo il popolo spesso protesta, ma è anche orgoglioso di appartenere a una città superba e dorata che, in occasioni come questa della Riforma del Calendario, mostra di essere sempre al centro del mondo. Con la fede e un po' di superstizione, spera giornalmente nella paterna benedizione del suo vescovo e dei suoi cardinali; quando ci sono le pestilenze prega che l'angiolone di Castel S. Angelo ringuaini la spada; spettegola su quei principi della Chiesa che di notte, in carrozza, vanno chissà dove, sicuri nel buio e nel silenzio dei plebei romani.

D'altra parte i romani hanno altro a cui pensare, visto che si stanno ancora leccando le ferite del Sacco di Roma. E il papa stesso si deve occupare delle basiliche e delle chiese profanate e spogliate, non solo degli arredi preziosi ma perfino degli infissi e delle porte di ingresso! Se ne deve occupare non solo per motivi religiosi, ma anche per affermare il suo primato, per cui tutti quelli che si succedono sul Trono di Pietro sentono l'esigenza di dare impulso alle arti e alla scienza. E anche il popolo allora si sente investito del ruolo che Dio ha assegnato alla città.

Chi ci guadagna sono i mercanti e gli artigiani, sempre pronti ad allearsi con l'aristocrazia e con il clero, cercando commesse dalla prima e affidando al secondo la formazione dei loro figli. Da questi rapporti i mercanti e i piccoli imprenditori ricavano le opportunità per l'apprendimento delle arti e delle scienze e assumono così un ruolo importante per permettere alla società romana di stare al passo con i tempi.

La plebe, intanto, guarda, osserva, a volte si spaventa, e prega.

Il Collegio Romano

Se da Piazza Venezia si va verso Via del Plebiscito e da lì si imbocca Via della Gatta, si lascia alle spalle il rumore del traffico e ci si ritrova affiancati da antichi palazzi, a sinistra Palazzo Grazioli e a destra Palazzo Doria Pamphili che ha l'ingresso principale su Piazza del Collegio Romano, quella che una volta i romani chiamavano Piazza dell'Olmo.

Proprio di fronte troviamo il Liceo Ennio Quirino Visconti, il Liceo classico per eccellenza, austero e allegro e che probabilmente risulterà immediatamente familiare a qualche cinofilo, dal momento che qui, nel 1946 viene ambientato il film "Mio figlio professore", dove il bidello, Orazio Belli, aspirava a vedere suo figlio diventare professore.

Questo splendido edificio era il Collegio Romano dei padri gesuiti. Sembra impossibile che dietro una facciata tanto imponente ci sia il rumore dei ragazzi che vi studiano, ridono, protestano e che sono al di sopra di tutto, perché sono giovani. Sono al di sopra anche della storia perché è come se la conoscessero senza studiarla e quando la studiano la gestiscono con disinvoltura, come nel *Power Point* su Galileo che alcuni studenti del Liceo hanno messo in rete. Si vede che convivono, senza imbarazzo, col ricordo dei gesuiti che abitarono e insegnarono in quel luogo dove ora essi studiano. Quasi al centro della facciata, simmetrica al portone di ingresso, c'è una porta murata che crea una nicchia dove ora vive un clochard che, come tutte le persone come lui, si sente forse protetto dalla storia, dagli studenti, dai gesuiti e dalla Polizia che sta lì proprio di fronte.

Sulla destra si vede la parte più alta della Torre Calandrelli, una specie di torre di vedetta con piccole terrazze che guardano Roma da diverse angolazioni.

È in questo luogo che nasce la ricerca astronomica a Roma. Da qui partono molti rami che in un percorso temporale arrivano fino ai nostri giorni e che, negli anni, sono cresciuti toccando moltissimi punti della città, producendo frutti non solo nel campo dell'astronomia.

Il grande edificio di Bartolomeo Ammannati (anche se, probabilmente, il progetto venne rivisitato da gesuita Giuseppe Valeriano, che ne diresse i lavori[3]) costituisce la sede definitiva del Collegio dal 1584.

Cristoforo Clavio

Tedesco di Bamberga, Cristoforo Clavio arriva al Collegio Romano nel 1560, a 23 anni, quando il Collegio è ancora alloggiato nelle case donate dalla Marchesa della Tolfa, e diviene rapidamente uno dei punti di riferimento per la cultura matematica e scientifica europea dell'epoca. A Clavio i cinesi debbono la conoscenza della geometria euclidea perché è lui che ha curato la traduzione in latino di tutti i lavori di Euclide allora conosciuti, gli *Euclidis Elementorum Libri XV*, poi tradotta in cinese dal suo allievo Matteo Ricci.

L'Università Gregoriana conserva parte della fittissima corrispondenza che Clavio intrattiene con le autorità scientifiche, civili e religiose, di tutta Europa, per cui nessuno si sorprende quando Gregorio XIII gli affida un ruolo tecnico e politico di rilievo all'interno della Commissione per la Riforma del Calendario. Cristoforo Clavio aderisce con convinzione alle visione cosmogonica basata sull'interpretazione letterale delle Scritture ma, matematico rigoroso, è pronto a mettere in discussione non certo le Sacre Scritture, ma i modelli di universo che da esse gli uomini hanno ricavato. In questo modo, per lunghi anni, riesce sia a mantenere ottimi rapporti con Galileo, sia a svolgere un ruolo, diciamo

---

[3] B. Vetere, A. Ippoliti, *Il Collegio Romano, Roma, Gangemi ed.*, p. 45

così, di consulente scientifico, oltre che di amico personale, di Roberto Bellarmino.

Clavio, a differenza di quest'ultimo, è convinto che i modelli matematici che descrivono il moto dei pianeti non sono solo degli utili meccanismi di calcolo. Secondo lui il sistema tolemaico, per il fatto che riesce a prevedere i diversi fenomeni celesti con anni di anticipo, deve corrispondere a una realtà fisica sottostante. Per questo motivo Padre Clavio attribuisce grande importanza allo studio della matematica, che insegna per quasi 50 anni al Collegio Romano, e a quello della geometria, su cui scrive ben due opere, *Opera mathematica* e *Geometrica practica*. Scrive poi alcuni trattati *Gnomonices*, *Triangula Spherica* e *Astrolabium*, dove affronta i temi specifici dell'astronomia dell'epoca, come la misura del tempo e delle distanze fra gli astri. Le sue vaste conoscenze sono, sì, sempre illuminate dalla Fede, ma non vengono mai subordinate a questa. Certo, anche Clavio si sofferma sul passo del Libro di Giosuè "Si fermò il sole e la luna rimase immobile finchè il popolo non si vendicò dei nemici"[4]o su quelli nell'Ecclesiaste "Il Sole sorge e il Sole tramonta" o nei Salmi "È stato stabilito che la Terra sia immobile", ma sono altri i ragionamenti che lo convincono che la Terra sia ferma al centro dell'Universo. Lo dicono, per esempio, le stelle fisse che rimangono sempre ferme nel cielo: se fosse la Terra a muoversi, non dovremmo aspettarci forse di osservare che le stelle descrivono il cerchio riflesso del moto della Terra attorno al Sole? Certo, potremmo pensare che le stelle si spostino in maniera impercettibile perché si trovano a distanze enormi (e a Clavio non mancano gli strumenti matematici per calcolare la distanza alla quale si dovrebbero trovare le stelle per sembrare ferme anche se, per assurdo, la Terra girasse attorno al Sole), ma è ragionevole pensare a un Universo così grande? E perché mai, a quale scopo, il Signore avrebbe creato questo enorme spazio vuoto? Queste sono, più o meno, le considerazioni del matematico religioso.

Certo, è probabile che Clavio ammetta che il sistema di Tolomeo presenti alcuni punti non soddisfacenti, ma è anche vero che dal Medioevo gli studiosi del quadrivio stanno miglio-

---

4 Giosuè, 10, 12-13

rando il modello per tener conto di tutti i risultati delle osservazioni che, col passare del tempo, si vanno accumulando. Per esempio, l'idea del vecchio Aristotele, secondo il quale la Terra si trova al centro del sistema di pianeti, pur essendo "quasi giusta" è stata modificata , seguendo le osservazioni degli astronomi che hanno dimostrato che la distanza dei pianeti e del Sole dalla Terra non è sempre la stessa. La soluzione di questo problema l'ha fornita Tolomeo stesso nell'*Almagesto* spiegando come i pianeti si muovano, sì, attorno alla Terra percorrendo un cerchio, ma la Terra non si trova esattamente al centro di questo cerchio, per cui i pianeti, nelle diverse parti della loro orbita, si trovano a essere più vicini e più lontani da essa.

Tolomeo era riuscito a spiegare perfino quel comportamento bizzarro dei pianeti che, a volte, sembrano cambiare la direzione del loro moto. Questa stranezza si spiega perfettamente, perché secondo il sistema tolemaico, ogni pianeta non ruota effettivamente attorno alla Terra, ma piuttosto lungo una circonferenza chiamata epiciclo. È il centro di questa circonferenza che si muove attorno alla Terra seguendo un percorso circolare che chiamiamo "deferente". Ecco perché, quando dalla Terra osserviamo il pianeta muoversi sullo sfondo delle stelle fisse, questo ci sembra si sposti in una direzione o nella direzione opposta a seconda che il movimento lungo l'epiciclo si sommi oppure si sottragga al movimento lungo il deferente.

La conclusione è che, poiché esistono spiegazioni naturali per descrivere quello che gli astronomi osservano, che bisogno c'è di mettersi nel pasticcio di affermare cose contrarie a quelle che così chiaramente sono scritte nella Bibbia, come affermare che la Terra gira attorno al Sole? È vero: se si immagina che sia il Sole e non la Terra a trovarsi al centro dell'Universo, i calcoli e le previsioni risultano più semplici, ma allora, se proprio lo si desidera, si usi questo sistema come modello matematico e non si pretenda di entrare nella esegesi biblica!

Clavio non ha dubbi che sia meglio studiare il mondo così come il Signore ha voluto crearlo e utilizzare gli strumenti che Euclide ci ha forniti per comprenderlo, fidando anche sulle rappresentazioni che, da sempre, ne hanno fatto i più grandi artisti. Questo pensiero probabilmente lo conforta quando osserva l'allegoria dell'Astronomia dipinta da Raffaello ai tempi di Papa

Giulio II in un angolo della volta della Stanza della Segnatura in Vaticano. Raffaello rappresenta il mondo esattamente come se lo immaginava Clavio, con la Terra al centro di una enorme sfera trasparente che simboleggia tutte le sfere cristalline e, all'esterno, le stelle e le costellazioni.

Chissà se Clavio, grande matematico, capace quindi di astrazioni, abbia notato che tutti gli artisti, a cominciare da quelli del medioevo, abbiano sempre dipinto un Universo come se fosse visto da fuori? È come se si fossero sforzati di guardare il mondo dallo stesso punto di vista di Dio, forse perché intuivano che, solo guardandolo dal di fuori, sarebbero riusciti a apprezzare la perfezione del meccanismo del Creato. (È curioso che anche ai nostri giorni non riusciamo a superare questo punto di vista. Oggi che sappiamo che l'Universo si sta espandendo, cioè che tutte le galassie si stanno allontanando una dall'altra seguendo la legge di Hubble, non lo riusciamo a rappresentare che come un palloncino che si gonfia e noi lì fuori, a osservarlo!).

Il dibattito sui sistemi cosmologici si scalda proprio alla fine del Cinquecento e gli astronomi che si rifanno alla scuola di Tolomeo si interrogano sulle conseguenze che derivano dall'accettazione del modello copernicano. Se, per assurdo – si chiedono – accettassimo che sia la Terra a girare attorno al Sole, non si presenterebbero forse delle contraddizioni? Per esempio, come si spiegherebbe che, se si lancia verticalmente un sasso in aria, questo cade esattamente nel punto da dove lo abbiamo lanciato? Non dovrebbe cadere in un punto diverso se, nel tempo in cui il sasso è rimasto in aria, la Terra si fosse spostata? E come potrebbero gli uccelli ritrovare il nido se la Terra si spostasse mentre sono in volo? E, se la Terra fosse un pianeta come un altro, come mai è l'unico ad avere la Luna?

Tuttavia, si spiega nelle facoltà universitarie, alcuni concetti fondamentali non sono mutati neppure nei modelli che si rifanno a quello di Copernico. I pianeti si muovono perché sono poggiati o, meglio, inseriti su sfere eteree, invisibili e trasparenti, chiamate a volte cristalline, come dice anche il titolo dell'opera più importante di Copernico, *De Revolutionibus Orbium Coelestium*. Anche Copernico, quindi, ammette che l'unico modo per comprendere la rotazione dei pianeti è di pensare che siano le sfere cristalline, fatte di materia diversa da quella sublunare, a ruotare. Le proprietà dell'etere incorruttibile sono, infatti, radicalmente differenti da quelle dei quattro elementi sublunari che noi sperimentiamo tutti i giorni e che, proprio per loro natura, sono corruttibili. I moti che si verificano nell'Universo sono circolari, perché questo è l'unico moto ripetibile all'infinito e quindi perfetto, e tutto è racchiuso entro una sfera nella quale sono contenute le stelle fisse. Al di là delle stelle fisse, non vi è alcun luogo, né materiale né vuoto, non vi è movimento ne tempo.

Questi e altri sono gli argomenti che Clavio, fedele all'ortodossia tomista, utilizza dalla sua cattedra di matematica per spiegare i fondamenti dell'Universo classico. Tuttavia, a meno che non si dimentichi che Clavio è un gesuita, convinto che il *corpus* fondamentale della dottrina vada definito in un quadro rigidamente gerarchico e per il quale l'obbedienza è la massima delle virtù, non si rimarrà stupiti più di tanto di fronte alla confidenza che, molti anni più tardi, Padre Kircher, confratello di Clavio, farà al suo amico Fabri de Peiresc e che questi riporta a Pierre Gassendi:

> "...Padre Clavio non disapprovava per niente l'opinione di Copernico, e non se ne sarebbe allontanato se non fosse stato premuto e obbligato a scrivere secondo le ipotesi di Aristotele..."[5].

In conclusione, quando viene nominato a far parte di una commissione per stabilire i programmi scolastici per le scuole dei Gesuiti nel mondo, Clavio afferma, senza mezzi termini che

> "...gli studi matematici debbono essere tenuti in grande cura. Molti professori di filosofia si sarebbero risparmiati una quantità di errori se non fossero così ignoranti in matematica. Una volta al mese professori e studenti dovrebbero riunirsi per ascoltare seminari sulle proposizioni di Euclide..."

Non bisogna però, secondo Clavio, limitarsi a studiare quello che hanno detto i grandi uomini del passato, ma inventare nuovi strumenti matematici come la sua *prostlaphaeresis* (praticamente

---

[5] N. C. Fabri de Peiresc, 1633, *Lettres, Paris,* 1893

l'antenato dei logaritmi) per maneggiare i grandi numeri che costituiscono la misura dell'universo.

Ci sono, certo, diverse cose che Dio ha voluto lasciare alla comprensione degli uomini. Resta, per esempio, da capire quale sia il motore delle sfere perché non è stato chiarito se il Signore abbia delegato l'azione a intelligenze celesti o impresso il moto una volta per tutte, all'atto della creazione. Ma si tratta di dettagli che possono trovare diverse soluzioni, dal momento che la Bibbia in nessuna pagina parla di queste questioni.

Con queste profonde convinzioni in mente, Cristoforo Clavio, dal Collegio Romano, tiene per anni una intensa e cordiale corrispondenza con Galileo, dopo il loro incontro nel 1587, quando Clavio è un rispettato professore cinquantenne e Galileo un giovane di 23 anni che si presenta a Roma dopo aver proposto la sua candidatura alla cattedra di matematica all'Università di Bologna (lasciata libera da Ignazio Danti, promosso Vescovo ad Alatri).

L'8 Gennaio 1588 Galileo scrive a Clavio con grande deferenza

"Parmi hor mai tempo di rompere il silenzio sin qui usato con V S M R da che mi partii di Roma, si per rinfrescarli nella memoria il desiderio che ho di servirla, come ancora per darle occasione di satisfare al desiderio mio che è d'intender nuova di lei: et sentire di parer suo circa alcune mie difficoltà…"

sottoponendogli un certo numero di questioni scientifiche sulle bilance e su alcune dimostrazioni matematiche e termina chiedendo se

"…il suo trattato sopra l'emendazione dell'anno sia uscito in luce, et con questo fine pregandola ad amarmi, comandarmi, et ricordarsi di me nelle sue orazioni, le bacio le mani".

Clavio, a riprova della cordialità dei suoi rapporti con Galileo, risponde immediatamente il 16 Gennaio scrivendo

"Ho ricevuto la lettera di V.S., a me gratissima per intendere come si ricordi tanto particolarmente di me, si come lo fo anco io di lei…"

fornisce le risposte richieste sugli argomenti scientifici e termina

> "Quanto al trattato del Calendario, l'ho finito, ma l'ho da rivedere co '1 Cardinale di Mondevi, il quale è occupatissimo, et trattiene questo negotio. ..Con questo fo fine, offrendomi in ogni sua occorrenza potrò".

Questa corrispondenza prosegue per tutto il 1588, per interrompersi all'improvviso, apparentemente senza motivi specifici perché, quando riprende molti anni più tardi, il tono di viva cordialità è rimasto immutato, come si vede nella lettera che Clavio invia a Galileo il 18 Dicembre 1604

> "Mi vergogno quasi della mia negligentia, in fare a saper V.S. come molti anni sono, almeno 11, che finito di stampare il mio Astrolabio l'anno 1593 mandai subito uno a lei, et indrizzai al S.or Bali di Siena. Et andando io l'anno 1600 a i bagni di S. Cascìano, et a Siena trovai che '1 libro non era mandato a V. S., perché s'era partito da Pisa, senza sapere io niente di questo. Et un gentil huomo Sanese s' l' haveva usurpato per se, et pregandomi gli lo donai…"

anzi, non manca l'ironia nel racconto di questo gentiluomo che, dopo essersi appropriato di un libro non destinato a lui, quando viene scoperto prega il mittente di lasciarglielo. Lo stesso tono di stima e di cordialità si mantiene nelle successive lettere di Galileo. Ma qualcosa di importanza storica sta capitando.

Il 12 Marzo 1610 Galileo pubblica il *Sidereus Nuncius*, un libricino di portata rivoluzionaria nel quale racconta come, puntando il suo "occhiale" al cielo ha visto con chiarezza alcuni fenomeni celesti che non solo contraddicono quanto comunemente conosciuto su tali fenomeni ma, soprattutto, mettono in discussione l'intera impalcatura ideologica della visione del mondo della sua epoca. In particolare, la Luna non solo non è un corpo "perfetto", come avrebbe dovuto essere secondo la filosofia aristotelica un corpo celeste, ma presenta una superficie ineguale, con valli e monti, e non è perfettamente sferica (*Lunae superficiem, non perpolitam, aequabilem, exactissimaeque sphaericitatis…*); la Via Lattea, poi, è niente altro che un agglomerato di stelle e, infine, attorno a Giove si vedono quattro stelline che si spostano e sembrano costituire, per così dire, un sistema solare in miniatura.

Padre Clavio è perplesso: per un sostenitore convinto della teoria Tolemaica è ovviamente difficile accettare che esistano quattro satelliti che orbitano attorno a Giove. È chiaro, infatti, che il passo logico successivo alla scoperta che Giove costituisce un sistema solare in miniatura è quello di ammettere, almeno sul piano della possibilità, che la Luna possa ruotare attorno alla Terra *mentre* la Terra ruota attorno al Sole! Tuttavia Clavio è ben lungi dall'assumere un atteggiamento di scetticismo preventivo e, assieme a Paolo Lembo, suo confratello, che ha costruito a sua volta un telescopio, tenta di ripetere le osservazioni di Galileo da una terrazza del Collegio Romano. Ma non ha fortuna e Galileo, appena lo viene a sapere, scrive a Clavio

> "...ho inteso come ella insieme con uno dei loro Fratelli havendo ricercato intorno à Giove con un'Occhiale de i Pianeti Medicei, non gli era succeduto il potergli incontrare: di ciò non mi fò io gran meraviglia potendo essere che lo strumento ò non fusse esquisito si come bisogna; ò vero che non l'havessero ben fermato, il che è necessariissimo perché tenendolo in mano, benché appoggiato à un muro ò altro luogo stabile, il solo moto dell'arterie, et anca del respirare, fà che non si possono osservare, et massime da chi non gli ha altre volte veduti, et fatto, come si dice, un poco di pratica nello strumento...".

Galileo prosegue incoraggiando Clavio a continuare le osservazioni e termina con il consueto tono di ossequio e cordialità:

> "Ho voluto dar conto a V. S. M. R. a di tutti questi particolari, acciò in lei cessi il dubbio, se però ven'ha mai hauto, circa la verità del fatto della quale, se non prima, li succederà accertarsi alla mia venuta costà, sendo io in speranza di dover venire in breve à trattenermi costà qualche giorno. Restami, per non tediarla più lungamente, il supplicarla a ripormi in quel luogo della sua grazia, il quale dalla sua cortesia et dalla conformità degli studii mi fu conceduto gran tempo fà, assicurandosi niuna cosa essere in poter mio della quale ella non possa con assoluta potestà disporre: et con ogni reverenza baciandogli le mani gli prego dal S. Dio felicità."

Galileo è buon profeta e Clavio riesce a osservare i satelliti di Giove e la "inequalità ed asprezza" della Luna della quale "mi maraviglio grandemente". Naturalmente, con obbiettività scientifica *ante litteram* ne informa immediatamente Galileo e, in una lettera del 17 Dicembre, gli rende omaggio e lo incoraggia a proseguire nei suoi studi

> "l'habbiamo qua in Roma piu volte veduti distintissimamente… Veramente V. S. merita gran lode, essendo il primo, che habbi osservato questo…".

Con identica obbiettività il 29 Gennaio 1611, Clavio, rispondendo al banchiere Welser, duumviro di Ratisbona, dichiaratosi scettico sulle osservazioni di Galileo risponde:

> "Di quello che V.S. mi scrive alli 7 di Gennaro sono ancora io stato gran tempo sospeso non credendo quelli IV Pianeti Medicei pensando che fosse hallucinatione per l'occhiale causata… …Et cosi credo che si scuopriranno di man in mano altre mostrosità intorno gli Pianeti. Et V.S. non dubiti più di queste osservazioni".

È in questo clima, nel quale molti percepiscono l'importanza dei tempi che si stanno vivendo, che Galileo nel marzo del 1611 si reca finalmente a Roma. Il suo vecchio amico Clavio lo accoglie al Collegio Romano nel migliore dei modi, mentre Galileo continua a rivolgersi a lui con la sincera deferenza che si deve all'anziano professore. In quella primavera Galileo non si fa pregare per mostrare a prelati e a nobili di cultura la stupefacente capacità del suo cannocchiale anche di giorno, per esempio inquadrando dal Gianicolo i due comignoli di Villa Mondragone, a una diecina di chilometri in linea d'aria.

A Clavio, nel frattempo, si sta presentando l'occasione di mostrare la sua lealtà verso Galileo e la sua correttezza scientifica, anche se, purtroppo, questa non gioverà granché allo scienziato toscano.

L'occasione viene offerta dalla richiesta avanzata il 19 aprile 1611 da Roberto Bellarmino, cardinale di Santa Romana Chiesa, ex Rettore del Collegio Romano e, soprattutto, consultore del

Sant'Uffizio, il quale, in modo preciso e chiaro come si conviene, scrive agli astronomi del Collegio Romano:

> "Molto Rev. Padri, so che le RRVV hanno notitia delle nuove osservazioni celesti di un valente matematico per mezo d'uno instrumento chiamato cannone overo ochiale, et ancor io ho visto per mezzo dell'istesso instrumento, alcune cose maravigliose intorno alla Luna ed a Venere. Però desidero mi facciano piacere di dirmi sinceramente il parer loro intorno alle cose sequenti.
> 1. se approvano la moltitudine delle stelle fisse, invisibili con il solo occhio naturale, et in particolare della via Lattea, et delle nebulose che siano congerie di minutissime stelle,
> 2. che Saturno non sia una semplice stella, ma tre stelle congionte insieme,
> 3. che la stella di Venere habbia le mutazioni di figure, crescendo e scemando come la Luna,
> 4. che la Luna habbia la superficie aspera et inuguale,
> 5. che intorno al pianeta Giove discorrino quattro stelle mobili et di movimenti fra loro differenti et velocissimi.
> Questo desidero sapere, perché ne sento parlare variamente, et le RRVV, come esercitate nelle scienze mathematiche facilmente mi sapranno dire. Se queste nuove inventioni siano ben fondate o pure siano apparenti et non vere, et se gli piace, potranno mettere la risposta in questo istesso foglio.
> Di Casa li 19 d'Aprile 1611.
> Delle RRVV Fratello in Christo, Roberto Card. Bellarmino".

Il 24 aprile i matematici del Collegio Romano Cristoforo Clavio, Cristoforo Grienberger (destinato a succedere a Clavio), Odo van Maelcote, giovane assistente di Grienberger, e Paolo Lembo, costruttore del cannocchiale, rispondono dettagliatamente

> "Ill.mo et R.mo Sig.r et Pron Col.mo
> Responderemmo in questa carta conforme al comandamento di V. S. Ill.ma intorno alle varie apparenze che si vedono nel cielo con l'occhiale, et con lo stesso ordine delle proposte che V.S. Ill.ma fa.
> Alla prima è vero che appaiono moltissime stelle mirando con l'occhiale nelle nuvolose del Cancro e Pleiadi; ma nella Via

Lattea non è cosi certo che tutta consti di minute stelle, et pare più presto che siano parti più dense continuate, benché non si può negare che non ci siano ancora nella Via Lattea molte stelle minute. È vero che, per quel che si vede nelle nuvolose del Cancro, et Pleiadi, si può congetturare probabilmente che ancora nella Via Lattea sia grandissima moltitudine di stelle, le quali non si ponno discernere per essere troppo minute.

Alla 2°, habbiamo osservato che Saturno non è tondo, come si vede Giove e Marte, ma di figura ovata et oblonga in questo modo

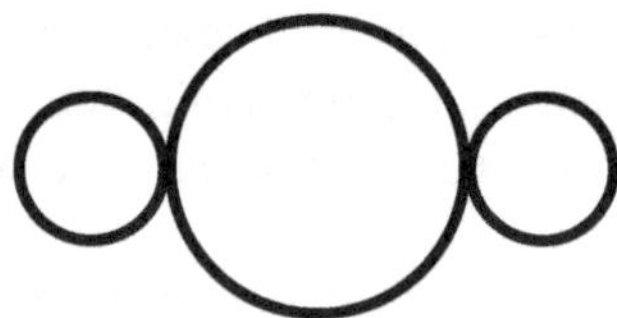

se bene non habbiam visto le due stellette di qua et di là tanto staccate da quella di mezzo, che possiamo dire essere stelle distinte.

Alla 3°, è verissimo che Venere si scema, et cresce come la luna: et havendola noi vista quasi piena, quando era vespertina, habbiamo osservato che a puoco a puoco andava mancando la parte illuminata, che sempre guardava il sole, diventando tutta via più cornicolata; et osservatala poi matutina, dopo la congiontione col sole, l'habbiamo veduta cornicolata con la parte illuminata verso il sole. Et hora và sempre crescendo secondo il lume, et mancando secondo il diametro visuale.

Alla 4°, non si può negare la grande inequalità della luna; ma pare al P. Clavio più probabile che non sia la superficie inequale, ma più presto che il corpo lunare non sia denso uniformemente, et che habbia parti più dense et più rare, come sono le macchie ordinarie, che si vedono con la vista naturale. Altri pensano, essere veramente inequale la superficie: ma infin hora noi non habbiamo intorno a questo tanta certezza, che lo possiamo affermare indubitatamente.

Alla 5°, si veggono intorno a Giove quattro stelle, che velocissimamente si movono hora tutte verso levante, hora tutte verso ponente, et quando parte verso levante, et quando parte verso ponente, in linea quasi retta: le quali non ponno

essere stelle fisse poiché hanno moto velocissimo et diversissimo dalle stelle fisse, et sempre mutano le distanze fra di loro et Giove.
Questo è quanto ci occorre in risposta alle domande di V. S. Ill.ma alla quale facendo humilissima riverenza, preghiamo dal Signor compiuta felicità.
Dal Collegio Romano, li 24 d'Aprile 1611.
Di V. S. Ill.ma et R.ma Indegni Servi in Christo
Christoforo Clavio
Christoforo Grienberger
Odo Maelcote
Gio. Paolo Lembo".

Cristoforo Clavio ha oramai 74 anni e, dopo aver confermato una per una tutte le osservazioni di Galileo, non ha più la forza di seguire le vicende di quel giovane studioso col quale è rimasto in corrispondenza per tanti anni. Si rende probabilmente conto di quanto possa risultare rischiosa la strada intrapresa da Galileo il quale, fidando sulla buona fede dei suoi avversari, lo porta a sostenere, in una lettera alla Granduchessa di Toscana, che il passo biblico di Giosuè potrebbe essere interpretato come una conferma, diretta a chi è in grado di interpretarla, che il Sole è fermo al centro dell'universo…

Tutto quello che può fare il vecchio Clavio è di annotare esplicitamente nell'ultima revisione del suo trattato *In sphaeram Joannis de SacroBosco* che il sistema tolemaico richiede una revisione per inquadrare le osservazioni descritte nel *Sidereus Nuncius,* e che lui stesso ha confermate. Completa infine la sua fondamentale *Opera Mathematica* e muore il 12 febbraio 1612.

Al Collegio Romano, oggi, non c'è molto che ci ricordi Clavio. Però, se ci si affaccia da una delle terrazze e capita di vedere la Luna alta nel cielo, vale la pena, avendo una buona vista, o meglio, un piccolo binocolo, osservare verso Sud uno dei crateri più grandi con una forma un po' oblunga. Si tratta del cratere *Clavius,* come lo aveva chiamato Giovanni Battista Riccioli nel 1651, e come l'International Astronomical Union ha confermato doversi chiamare per convenzione internazionale, in memoria del grande astronomo del Collegio Romano.

Veduta odierna del Collegio Romano

Orazio Grassi e le comete a Roma

La Roma del '600 è una città che, anche di giorno, sembra immersa nel buio. Ce lo racconta, come solo lui sa fare, Caravaggio con quelle figure che sono, loro soltanto, illuminate da uno sprazzo di luce rendendo il senso della impenetrabilità del buio che le circonda. Più che un buio notturno, si tratta di un'oscurità alla quale i romani sono abituati fin da piccoli nelle loro case o camminando per gli stretti vicoli all'ombra dei grandi palazzi e che nasconde le loro paure: oscurità e paure che sembrano aumentate da quando è iniziata la stagione della Controriforma.

Però, quando si parla di Astronomia, il buio assume una connotazione positiva. Il buio dell'astronomo è quello delle notti stellate, è il buio che permette di guardare il cielo e immaginarlo, anzi sentirlo, come una coperta che ti è familiare e ti protegge. È tutto quello che esiste al di fuori di te. Penso che siamo autorizzati a immaginare che i romani nel Seicento percepivano anche la positività del buio notturno, se vogliamo spiegarci perché a Roma ci sia tanta attenzione allo studio del cielo.

Il '600 è un secolo nel quale si osservano in cielo diversi eventi astronomici eccezionali. Proprio all'inizio del secolo, nell'ottobre del 1604, appare nientemeno che una nuova stella, che è stata poi l'ultima *nova* visibile a occhio nudo. Nel 1618, poi, si presentano in cielo tre comete, una dopo l'altra, la seconda delle quali, di splendore eccezionale, rimane visibile da novembre a gennaio. Si tratta di un'occasione importante: tutti gli astronomi e i filosofi dell'epoca sono fiduciosi che, riuscendo a comprendere quale sia il percorso delle comete in cielo e misurandone la distanza, sia possibile risolvere il punto centrale del dibattito del momento, ossia se la Terra si trovi o no immobile al centro dell'Universo. D'altra parte, ora che anche i gesuiti hanno superato l'atteggiamento dogmatico della scolastica aristotelica, è ai dati, alle osservazioni, che va lasciata l'ultima parola per risolvere un conflitto scientifico.

Il popolo di Roma, per il quale le comete non passano inosservate, magari quando alza gli occhi verso quelle zone squadrate di cielo disegnate dai tetti dei grandi palazzi, si fa domande diverse. Quella striscia luminosa che si vede nel cielo è, come molte cose inaspettate, poco rassicurante e, magari per darsi coraggio, ricorda che un evento simile, proprio in quel periodo, 1618 anni prima, aveva annunciato la nascita di Nostro Signore. È forse questa l'occasione per i romani di osservare, con più attenzione di quanta non ne avessero prima, le comete presenti nelle diverse rappresentazioni della Natività delle chiese di Roma. Quella cometa apparsa da poco in cielo, infatti, è proprio come la gente se la immagina quando i predicatori a Natale, come ogni anno, tornano a raccontare la storia dei Re Magi che trovano la capanna del Bambinello seguendo la cometa.

I più attenti, però, si accorgono che nei mosaici delle chiese più antiche, per esempio in quelli sull'arco che circonda l'altare di S. Maria Maggiore, la cometa dà l'impressione di non avere la coda, e, se si aguzza lo sguardo (questi mosaici si trovano molto in alto e lontani dalle zone dove la gente segue le funzioni), si vede che è proprio così: sulla testa del Bambino, invece di una cometa, c'è proprio una normale stella con le punte, fatta come, fin da bambini, si impara a rappresentare le stelle. È probabile che quasi nessuno se ne faccia un problema e che molti concludano che deve essersi trattata di una svista di quel mosaicista di tante centinaia di anni prima.

Se però capita poi di imbattersi in un sarcofago romano, sui bordi del quale è rappresentata la natività (e a Roma capita di sicuro, anche se, magari, nel frattempo il sarcofago è stato trasformato nella vasca di una fontana), ci si rende conto che, invariabilmente, la stessa svista si ripete, come se nessuno scalpellino romano sapesse che i Magi sono stati guidati da una cometa e non da una stella normale. Andando ad approfondire, si scopre che la stessa stranezza appare spesso in diversi graduali, cioè quei libri antichi contenenti i canti della Messa, come per esempio nel Graduale dell'XI secolo, cosidetto di Santo Stefano, ancora oggi a Roma presso Biblioteca Angelica.

Il punto è che la rappresentazione della Natività e dell'Epifania con una stella al posto della cometa è un'iconografia diffusa in tutta Europa prima del XIII secolo, come potrebbero confermare i giovani che, da tutto il mondo, vengono a studiare al Collegio Romano. I francesi potrebbero ricordare la piccola natività scolpita nel capitello della chiesa di S. Pietro a Chauvigny o quella della vetrata della cattedrale di Chartre oppure quella nella lunetta di scuola romanica nella chiesa di Rozier, i tedeschi potrebbero ricordare quella scolpita nella porta della chiesa di S. Maria in Campidoglio a Colonia e gli italiani potrebbero naturalmente ricordare l'antico mosaico di S. Apollinare Nuovo a Ravenna.

Come capitò quindi che i pittori, un bel momento, decisero di cominciare a mettere una cometa nel Presepio? Fu forse un passa-parola fra i predicatori, visto che non esiste un documento certo che chiarisca la natura del corpo celeste della Natività? O fu forse Giotto che iniziò la tradizione, rappresentando una cometa sulla grotta di Betlemme nella Natività nella cappella degli Scrovegni?

Quel che è certo è che nel Seicento la cometa è già entrata nell'iconografia ufficiale del Natale, per cui il popolo di Roma, probabilmente, vive l'apparizione della cometa di Natale come un segno che il Buon Dio ha voluto mandare a ricordo della nascita del Figliolo in Terra.

Per i matematici del Collegio Romano la questione è diversa: da buoni cristiani, anche a loro, probabilmente, fa piacere ricordare la cometa di Betlemme, ma, come scienziati, sanno perfettamente che le comete sono oggetti celesti critici per determinare quale sia la struttura dell'Universo.

A noi, figli di una società basata sulla indiscussa superiorità del metodo scientifico, che a volte può perfino degenerare nell'empirismo, può apparire incomprensibile che il dibattito fra le persone di cultura sia incentrato sostanzialmente sul punto seguente: il nostro modello di mondo deve essere basato su quanto si trova nelle Scritture, ed è quindi di pertinenza esclusiva di filosofi e teologi, oppure l'ultima parola va lasciata ai fisici, che si basano sulla osservazione dei fenomeni e sulla misura di questi? Tanto profonda è in alcuni la convinzione che tutto ciò che gli uomini debbono fare è comprendere quello che si trova scritto nelle Sacre Scritture, che si dimostrano disponibili a diversi compromessi intellettuali, a patto di salvare la lettera del Vangelo. Per esempio, Bellarmino in una lettera del 1615 inviata al Padre Provinciale dei Carmelitani, Paolo Antonio Foscarini, esprime la sua opinione sulla teoria di Copernico:

"…Dico che mi pare che V. P. et il Sig.ʳ Galileo facciano prudentemente a contentarsi di parlare ex suppositione e non assolutamente, come io ho sempre creduto che habbia parlato il Copernico. Perchè il dire, che supposto che la terra si muova et il sole stia fermo si salvano tutte l'apparenze meglio che con porre gli eccentrici et epicicli, è benissimo detto, e non ha pericolo nessuno; e questo basta al mathematico: ma volere affermare che realmente il sole stia nel centro del mondo, e solo si rivolti in sè stesso senza correre dall'oriente all'occidente, e che la terra stia 3° nel cielo e giri con somma velocità intorno al sole, è cosa molto pericolosa non solo d'irritare tutti i filosofi e theologi scholastici, ma anco di nuocere alla Santa Fede con rendere false le Scritture Sante…",

cioè — dice Bellarmino — si utilizzi pure la teoria copernicana come strumento matematico, a patto di non credere che il mondo sia fatto così sul serio.

E se non fosse chiaro quali siano i limiti che gli uomini di scienza non debbono superare, Bellarmino prosegue

"…Dico che quando ci fusse vera demostratione che il sole stia nel centro del mondo e la terra nel 3° cielo, e che il sole non circonda la terra, ma la terra circonda il sole, allhora bisogneria andar con molta consideratione in esplicare le Scritture che paiono contrarie, e più tosto dire che non l'intendiamo, che dire che sia falso quello che si dimostra",

come a dire: l'ultima parola spetta in ogni caso alle Scritture e a chi è capace di interpretarle.

Il massimo del compromesso al quale molti si mostrano disponibili è quello di abbandonare la cosmologia tolemaica per adottare il cosidetto sistema ticonico. Questo sistema era stato proposto alla fine del '500 da Tycho Brahe, un danese che, dopo una giovinezza abbastanza intensa (perse, infatti, il naso in un duello con un altro studente e dovette, per il resto della vita, utilizzare una specie di protesi di metallo), divenne il più grande astronomo conosciuto prima dell'introduzione del telescopio, tanto che il re Federico II gli donò l'isola di Hven e un Osservatorio, quello di Uraninburg, costruito appositamente per lui.

Secondo il modello di Tycho, la Terra si trova al centro dell'Universo e il Sole e la Luna le ruotano attorno, ma gli altri pianeti, Mercurio, Venere, Marte, Giove e Saturno ruotano intorno al Sole. Tycho propone questo modello di universo, che riprende l'antico sistema cosmologico di Eraclide Pontico del V secolo a.C., perché, dopo aver osservato (a occhio nudo) per più di venti anni, ogni notte, il movimento degli astri, cerca di immaginare un modello che spieghi le diverse posizioni da lui registrate mano a mano che trascorreva il tempo. Tycho si rende conto che, in tutti quegli anni, nessuna stella sembra essersi spostata minimamente. Ora, si chiede, se è la Terra che ruota attorno al Sole, non dovrei vedere che le stelle, almeno le più vicine, si spostano lungo una circonferenza? Non dovrei vedere, cioè, nelle stelle il movimento riflesso della Terra? Siccome non vediamo le stelle muoversi — conclude — vuol dire o che le dimensioni dell'universo e degli astri sono illogicamente enormi, oppure, che la Terra è immobile. D'altra parte è anche vero che, se si immagina che tutti i pianeti (esclusa la Terra) ruotino attorno al Sole, si ottiene un modello di universo più semplice, con epicicli più piccoli e, quindi — diciamo così — più ragionevole.

Questo modello di Universo può non sembrarci un grande progresso rispetto a quello tolemaico, ma invece, a ben guardare, è rivoluzionario: se i pianeti girano attorno al Sole e questo, a sua volta, ruota attorno alla Terra, è evidente che le orbite degli astri si possono intrecciare. È vero che, tracciando delle orbite *ad hoc*, si potrebbe anche escogitare un sistema per evitare l'intreccio, ma un sistema disegnato, diciamo così, a tavolino non riuscirebbe a spiegare anche i dati osservativi che si vanno accumulando da secoli. E, se le orbite dei pianeti si intrecciano, non si capisce quale possa essere la natura delle sfere cristalline che col loro movimento trascinano i pianeti. A dire la verità, dubbi sull'esistenza delle sfere cristalline già circolavano da tempo e Tycho stesso, studiando il moto della cometa del 1577, aveva concluso che quella sembrava avere attraversato le sfere di diversi pianeti, il che metteva in dubbio, se non altro, che le sfere cristalline fossero impenetrabili.

Il punto ideologicamente più significativo del sistema Tychonico, tuttavia, resta quello dell'intreccio fra le diverse sfere, poiché porta direttamente a chiedersi: *che senso ha la distinzione fra il mondo sublunare, il nostro, corruttibile, e quello dei cieli, perfetto e immutabile, visto che le due regioni sono di fatto mescolate?*

Si tratta di un passo importante, di un passo che mette in dubbio l'esistenza di due mondi di qualità differente e che giustifica, in ultima analisi, l'applicazione a tutto l'Universo delle leggi della fisica come le sperimentiamo sulla Terra. Si apre così la strada all'indagine fisica applicata all'Universo.

I gesuiti del Collegio Romano, punto di riferimento dell'ortodossia cattolica dell'epoca, si rendono perfettamente conto delle novità dirompenti contenute nel sistema di Tycho Brahe. Ma sono pragmatici. Tutto sommato, in quale Vangelo, in quale passo biblico sono nominate le sfere cristalline? Dove mai è codificato l'intervento di Dio nell'imprimere il movimento alle sfere? D'altra parte, sono secoli che i filosofi dibattono se Dio abbia delegato a intelligenze celesti il compito di far funzionare quotidianamente l'Universo o se, invece, abbia provveduto Lui stesso a "caricare l'orologio" in modo che l'Universo funzioni per tutto il tempo necessario, e proprio questo dimostra che sulle sfere cristalline ognuno è libero di avere l'opinione che preferisce.

Il punto irrinunciabile, quello scritto nella Bibbia, è quello dell'immobilità della Terra, e questo punto è salvaguardato nel cosmo Tychonico. Per il resto, i gesuiti, di fronte all'evidenza che il vecchio sistema Tolemaico è impossibile da sostenere nella sua interezza, sono pronti ad accettare il nuovo sistema proposto Tycho, che presenta sì novità rivoluzionarie, ma senza contrastare con la lettera della Bibbia.

Nel 1618, quando appare la grande cometa di Natale, al Collegio Romano, sulla cattedra di matematica, insegna Orazio Grassi che, data la spettacolarità dell'evento, tiene conferenze pubbliche e scrive prima un piccolo trattato scientifico, intitolato *Disputatio astronomica de tribus cometis,* e poi un ulteriore lavoro *Libra astronomica ac philosophica*, pubblicato con lo pseudonimo di Lothario Sarsio Singesano (che è poi l'anagramma imperfetto di Horatio Grasio Savonensis). Grassi, liberatosi dall'ingessatura di un cosmo nel quale c'è incomunicabilità fra il mondo sublunare (quello nostro di tutti i giorni), e quello perfetto al di là della luna, e avendo rinunciato all'esistenza delle sfere cristalline, arriva alla conclusione, peraltro identica a quella a cui era giunto Tycho, che le comete non sono delle illusioni ottiche o effetti dell'umidità che sale nell'atmosfera terrestre, come erano obbligati a sostenere gli astronomi tolemaici, ma sono corpi celesti realmente esistenti che percorrono orbite che si trovano al di là della Luna.

Galileo non ama il nuovo sistema di Tycho, temendo che possa ritardare l'accettazione generale del sistema copernicano. Non riesce quindi ad apprezzare la coraggiosa conclusione di Grassi sulla natura delle comete e si trova stretto fra la critica al sistema Tychonico e l'impossibilità di far riferimento esplicito al sistema copernicano che, nel frattempo, è stato formalmente condannato. Nell'ottobre del 1623 scrive il *Saggiatore,* che lo mette in polemica con Orazio Grassi a causa, tanto per cominciare, del titolo. Infatti, *Saggiatore,* cioè *"Bilancia di precisione"* ha tutta l'aria di un'arguzia per mettere in ridicolo il titolo del trattatello di padre Grassi sulla cometa, *Libra astronomica ac philosophica,* cioè *"Bilancia astronomica e filosofica".* È vero che a iniziare la polemica è stato proprio Grassi, a cominciare da quel titolo, *Libra,* che ha un evidente doppio senso: da una parte ricorda che la cometa è apparsa nella costellazione della Bilancia, ma dall'altra richiama il fatto che il trattato si propone di *"librare* (pesare) *le cose contenu-*

te nel trattato delle comete publicato dal signor Mario Guiducci" e, siccome Guiducci è un allievo di Galileo, questi si sente chiamato in causa.

È anche vero, però, che Galileo, affermando, con apparente innocenza, che quello di Lothario Sarsi è un *"nome… non mai più sentito nel mondo"*, finge di non aver capito che quel nome è solo l'anagramma di quello di Grassi e dichiara, ironicamente, la sua stima verso il precettore del fantomatico Sarsi

> "…tengo per fermo che il detto Padre non abbia mai né dette né pensate né vedute scritte dal Sarsi tali fantasie, troppo lontane per ogni rispetto dalle dottrine che si apprendono nel Collegio dove il P. Grassi è professore".

E poi — continua Galileo — a essere precisi, anche l'arguzia contenuta nella parola *Libra* è fuori luogo, visto che il maestro di Sarsi (cioè Grassi) ha affermato di aver osservato per la prima volta la cometa nella costellazione dello Scorpione, *"non curando di contradire alla verità, ed anco in certo modo a sé medesimo"*.

Fra punture di fioretto e colpi di sciabola, resta il fatto che, col *Saggiatore*, Galileo fa compiere un passo in avanti al genere umano, perché getta le basi del metodo scientifico scrivendo che l'Universo va compreso utilizzando la lingua in cui è scritto, cioè la lingua della geometria e delle dimostrazioni matematiche. Purtroppo, la vicenda della comete ha finito con l'assumere toni polemici così profondi che, oramai, i nemici di Galileo cominciano a uscire allo scoperto.

Anche Padre Grassi non prende bene l'arguzia polemica dello scienziato pisano, tanto è vero che, alcuni anni più tardi, nel 1626, pubblicherà la *Ratio ponderum Librae et Simbellae*, cioè il *Controllo dei pesi della Bilancia e della Bilancetta*, con un chiaro riferimento alla polemica in corso ormai da qualche anno. E meno male che lo scambio di frecciate, almeno quelle alla luce del Sole, finisce lì, forse perché Orazio Grassi ha ricevuto un incarico importante, un incarico che si rivelerà fondamentale nella storia dell'astronomia romana, anche se, certo, nessuno lo può ancora immaginare.

Capita infatti che in quegli anni sia stato ufficialmente canonizzato S. Ignazio di Loyola, fondatore dell'ordine dei Gesuiti, e questa sembra al Cardinal Ludovico Ludovisi, nipote del papa

Gregorio XV, l'occasione per risolvere il vecchio problema costituito dalla chiesetta dell'Annunziata, che da tempo risulta troppo angusta per accogliere i seminaristi che, da tutte le parti del mondo, studiano al Collegio Romano. Viene così affidato a Grassi il compito della realizzazione della chiesa, che dovrà essere dedicata a S. Ignazio di Loyola, basandosi sui progetti che Carlo Maderno ha preparati sul modello della chiesa del Gesù.

Nulla a che fare con l'astronomia, fino a questo punto.

La realizzazione dell'opera, però, si scontra con gli enormi costi che essa richiede, finché nel 1685, per motivi di risparmio, si decide di non costruire la cupola prevista nel progetto e i lavori si fermano al punto dove si è arrivati, con un soffitto piatto nel punto, prima dell'altare maggiore, dove si sarebbe dovuta trovare la concavità della cupola.

Se ci si trova a visitare la Chiesa, può capitare di non accorgersi dove si trovi la mancata cupola di Grassi, essenzialmente perché, appena si entra, l'occhio corre immediatamente alla fantasmagorica rappresentazione sul soffitto della glorificazione di S. Ignazio, dipinta da Andrea Pozzo, un fratello gesuita matematico del Collegio Romano. In effetti, in fondo alla navata centrale, al centro del transetto, si scorge una cupola che però, siccome è lì, non può essere la cupola mancante. Il punto è che, se si continua a procedere lungo la navata e si arriva proprio sotto la cupola, ci si rende conto che la cupola nella realtà non esiste e che quello che si vede dalla navata è un gioco pittorico realizzato su una enorme tela di 13 metri, posizionata per ricoprire il vano progettato da Grassi e mai realizzato (c'è un disco di marmo sul pavimento che individua il punto di fuga dal quale meglio si può apprezzare il capolavoro del pittore: fosse l'unica cosa da guardare, già varrebbe una visita a S. Ignazio).

E come entra l'astronomia in questa storia? Be', ci entrerà molti anni più tardi, quando un astronomo famoso, Ruggero Boscovich, si renderà conto che una parte del tetto di S. Ignazio, sorretto com'è da potenti pilastri — quelli progettati per sostenere la cupola — risulta straordinariamente stabile, che è proprio quello che ci vuole per costruire un osservatorio astronomico! È proprio lì che sorgeranno nell'800 le cupole, magari un po' diverse da quella progettata da Orazio Grassi, che ospiteranno i telescopi del glorioso Osservatorio del Collegio Romano.

Christoph Scheiner e le macchie solari

Di tutto aveva bisogno Galileo in quegli anni, meno che di farsi nemico un altro gesuita. Invece fu proprio ciò che accadde.

La storia risale a qualche anno prima, quando il suo amico Clavio era ancora in vita, ma già troppo vecchio per aiutarlo a muoversi con cautela in quella delicata zona di confine fra la scienza e la filosofia.

Nel 1610 all'Università di Ingolstadt insegna matematica Christoph Scheiner, gesuita tedesco che, avendo sentito delle scoperte di Galileo, si procura un buon telescopio ed egli stesso, come i suoi confratelli del Collegio Romano, verifica che quello che afferma Galileo corrisponde a quello che in effetti si vede nel cielo. Anzi, Scheiner vede perfino più dettagli di quanti non ne abbiano visti i matematici di Bellarmino, poiché il suo cannocchiale, con un'ottica kepleriana, ha un campo particolarmente ampio. Scheiner decide poi di dedicarsi all'osservazione del Sole e, nel 1611, osserva le macchie solari e ne annuncia la scoperta il 12 novembre con una lettera a Marco Welser, un erudito banchiere che è in corrispondenza con diversi gesuiti, fra i quali lo stesso Clavio. Nei primi giorni di gennaio dell'anno seguente, Scheiner invia a Welser altre due lettere sull'argomento, nelle quali non solo descrive le sue osservazioni, ma ne offre anche un'interpretazione basata sull'ipotesi che i cieli siano "perfetti e incorruttibili", concludendo che, poiché la superficie del Sole non può presentare né macchie né imperfezioni, le macchie altro non possono essere che pianeti che ruotano attorno al Sole, più o meno come i satelliti medicei che ruotano attorno a Giove.

Welser, che proprio in quell'anno entrerà a far parte del gruppo dei Lincei, fa stampare a sue spese le lettere di Scheiner e ne invia copia a Galileo per chiedere la sua opinione, senza rivelargli, però, il nome dell'autore. Galileo risponde con una lunga lettera del maggio 1612, praticamente un trattato, nella quale dice che

"non ha dubbio alcuno" che le macchie osservate "siano cose reali, e non semplici apparenze o illusioni dell'occhio o de i cristalli, come ben dimostra l'amico di V. S. nella prima lettera"

e poi, con una punta di veleno, afferma di averle osservate un mese prima dell'anonimo autore delle lettere "ed io le ho osservate da 18 mesi in qua, avendole fatte vedere a diversi miei intrinseci, e pur l'anno passato, appunto in questi tempi, le feci osservare in Roma a molti prelati ed altri signori".

Seguono altre due lunghissime lettere, il 14 agosto e l'1 dicembre, nelle quali Galileo, partendo da una disamina delle diverse interpretazioni delle macchie, con la sua logica disarmante, arriva a mettere in pericolo le fondamenta dell'edificio della cosmologia aristotelica.

Le macchie – nota – sembrano modificare la loro forma perché ruotano assieme al Sole. Questo effetto "sarà manifesto argomento sì della globosità del Sole, come della prossimità delle macchie alla solar superficie". L'apparenza delle macchie sul Sole si modifica mentre passano nella parte nascosta, come capita alle nuvole sulla Terra. E quanto al movimento del Sole e delle macchie

"mi par di osservare che i corpi naturali abbino naturale inclinazione a qualche moto, come i gravi al basso... senza bisogno di particolar motore esterno...; a qualche altro movimento hanno repugnanza, come i medesimi gravi al moto in su, e però già mai non si moveranno in cotal guisa se non cacciati violentemente da un motore esterno...".

Queste lettere appaiono, sì, stringenti negli argomenti, ma corrette e niente affatto aggressive nei confronti di Scheiner, per cui sembra che la questione possa esaurirsi sul piano del dibattito scientifico. E così è, in effetti, per una diecina di anni.

Nel 1624 Scheiner arriva a Roma come docente al Collegio Romano, mentre per Galileo, dopo aver pubblicato *Il Saggiatore*, l'atmosfera con i matematici del Collegio si va raffreddando. Purtroppo *Il Saggiatore* è anche la causa immediata di un equivoco, che ha il risultato però di generare la violenta avversione di Scheiner nei confronti di Galileo.

La polemica fra Scheiner e Galileo prende spunto dall'introduzione, nella quale Galileo polemizza con qualcuno che ha tentato di togliergli la paternità delle sue scoperte astronomiche:

"Non prima fu veduto alle stampe il mio Nunzio Sidereo... che tosto si sollevaron per mille bande insidiatori di quelle lodi dovute a così fatti ritrovamenti... Le Lettere delle Macchie Solari e da quanti e per quante guise fur combattute?... ed alcuni, costretti e convinti dalle mie ragioni, ànno cercato spogliarmi di quella gloria ch'era pur mia, e, dissimulando d'aver veduto gli scritti miei, tentarono dopo di me farsi primieri inventori di meraviglie così stupende".

È probabile che Galileo si riferisca a Simon Mayr, un tedesco che di sicuro aveva compiuto diversi tentativi di plagio delle scoperte di Galileo, ma Scheiner è convinto che Galileo intenda riferirsi, ingiustamente, proprio a lui e la prende malissimo. Così quando, nel 1626, decide di presentare nel suo *Rosa Ursina* il resoconto del lavoro da lui compiuto in tanti anni di osservazioni e le sue conclusioni sulla natura delle macchie solari, dedica un buon quarto del trattato a una rabbiosa polemica nei confronti di Galileo.

Si tratta di un bisticcio che non terminerà se non dopo la scomparsa dei due protagonisti, tanto che l'ultima opera di Scheiner esce postuma col titolo *Prodromus pro Sole Mobili et Terra Stabili contra Galilaeum a Galileis*, cioè *Prodromo in favore del Sole che si muove e della Terra che sta ferma contro Galileo Galilei*.

È curioso notare che, per una di quelle incredibili coincidenze delle quali, tuttavia, la Storia è piena, *Rosa Ursina*, che presenta un'interpretazione completamente sbagliata sulla natura delle macchie solari, diventa per oltre un secolo un testo fondamentale per lo studio del Sole e diversi astronomi, anche recentemente, hanno utilizzato la raccolta di dati di Scheiner. È raro che un fisico o un astronomo siano interessati a dati raccolti 400 anni prima, ma in questo caso la cosa si spiega con l'osservazione che si tratta di una circostanza veramente particolare: il Sole è una "stella variabile" e, come tale, non emette energia in quantità costante, ma questa cresce e diminuisce regolarmente, con un periodo di circa 11 anni, chiamato "ciclo solare". Poiché questa variazione è molto piccola, sarebbe difficilissimo accorgersi dell'esistenza del ciclo solare, se non fosse per il fatto che a questo è associata una manifestazione, invece, molto visibile, cioè proprio le macchie solari. Quello che capita è che, quando il Sole si trova nel periodo "di massimo", cioè nel periodo in cui emette la massima quantità di energia, si vede che la sua superficie presenta ogni giorno almeno una diecina di macchie di grandi dimensioni, mentre nel periodo "di minimo" di solito non se ne osserva nessuna. La circostanza particolare alla quale si è fatto cenno è avvenuta a metà del '600, quando nonostante questa notevole regolarità, il Sole salta ben 6 cicli, cioè, a partire dal 1654, rimane praticamente senza macchie per oltre 70 anni, un fenomeno del quale, ancora oggi, si ignora la causa.

La questione è rilevante dal punto di vista scientifico, poiché questa anomalia del Sole rappresenta una sfida per gli astronomi solari moderni, ma, da un punto di vista storico, la mancanza di macchie ha l'effetto immediato di impedire agli astronomi dell'epoca, anche quando dispongono di telescopi migliori di quelli di Galileo e di Scheiner, di effettuare studi ulteriori sull'argomento. Per questo motivo *Rosa Ursina*, con tutto il suo bagaglio di polemiche fra Scheiner e Galileo, resta l'unico testo a disposizione di chi vuole studiare le macchie solari, finché, dopo una settantina d'anni, queste non riappaiono e riprendono il loro ciclo regolare di 11 anni. L'interesse degli astronomi moderni in *Rosa Ursina* e dovuto all'eccellente qualità dei disegni di Scheiner, che permette un esame dettagliato dell'evoluzione delle macchie, e alla circostanza che il periodo di assenza di macchie sul Sole coincide con un periodo nel quale, almeno in Europa, il clima è stato particolarmente rigido, tanto che la seconda metà del Seicento viene chiamato il periodo della "piccola glaciazione". Si tratta di una coincidenza o l'assenza di macchie sul Sole ha qualcosa a che vedere col clima sulla Terra? Non c'è dubbio che, al giorno d'oggi, ci siano cause più dirette che influenzano il clima, ma è altrettanto vero che, se conoscessimo meglio le cause dell'attività solare potremmo valutare quale sia l'urgenza di prendere i provvedimenti necessari per ritornare a una situazione di normalità, per cui è facile prevedere che i dati di Padre Scheiner torneranno utili ancora per molti anni.

Athanasius Kircher e il Museo del Mondo

Credo che la prima volta che Galileo abbia sentito parlare di Athanasius Kircher sia stata in una lettera che il nobile parigino Giacomo Boccardi, suo amico, gli invia da Roma nel marzo del 1634, dove viene informato che

"…Non m'imagino potere finire questa per nuova più grata a lei di quella dell'inventione d'uno horologio, dove l'hore vengono notate da una certa radica, la quale per proprietà naturale si va movendo continuamente col sole dell'istesso suo moto, posta che sia in libertà dentro all'acqua. Un tal Giesuita Tedesco, arrivato a Roma da poco tempo in qua, il quale si domanda P. Anastasio, n'è stato l'inventore. Egli confessa nondimeno haverlo cavato da certi autori Arabi, essendo detto Padre molto versato nelle lingue orientali…"[6].

Galileo è stato costretto all'abiura da quasi un anno e Kircher, un gesuita tedesco di 32 anni, è arrivato al Collegio Romano da cinque mesi ed è già un promettente studioso, tanto da essere stato chiamato a Vienna per succedere a Keplero nel ruolo di matematico presso la corte dell'imperatore Ferdinando II. Kircher però non è solo un matematico, ma anche astronomo, fisico, vulcanologo, inventore, versato nella gnomonica, poliglotta e studioso di lingue orientali, per cui quando nel 1633, per una serie di circostanze fortuite, Kircher giunge a Roma il cardinale Francesco Barberini, sostenuto in questo dallo zio Papa Urbano VIII, lo convince (probabilmente senza faticare molto) a rimanere al Collegio Romano dove, pochi anni più tardi, diventerà professore di matematica. Il cardinale è motivato, oltre che dal suo interesse per la cultura orientale, dal fatto che è stato da poco rinvenuto un obelisco che egli ha fatto trasportare nel giardino del suo palazzo per dargli una degna collocazione. Kircher, già famoso come massimo studioso di egittologia dell'epoca, sembra la persona giusta per questo compito e gli viene concesso di trasferirsi al Collegio Romano con l'incarico di approfondire i suoi studi di lingue orientali antiche, senza ulteriori obblighi didattici. In questo modo egli riesce a terminare un trattato sulla lingua copta, iniziato un paio di anni prima, mentre si trovava ad Avignone, e nel quale espone l'intuizione che il copto, lingua liturgica dei cristiani d'Egitto, discenda direttamente dalla antica lingua egiziana e sia quindi la chiave per l'interpretazione dei geroglifici.

---

[6] Gio. Iacomo Boccardi, 1634, *Edizione Nazionale delle Opere di Galileo*, Firenze, Barbera, 1901

Kircher è un insaziabile divoratore e un infaticabile produttore di notizie. È curioso di tutto e su tutto raccoglie informazioni, senza particolare interesse a valutarle e a selezionarle. Parla più di venti lingue e scrive quasi una quarantina di trattati sulle materie più disparate: l'egittologia, l'interpretazione dei geroglifici, l'arte di inviare messagi cifrati, la combinatoria, il metodo per produrre musica in maniera automatica senza bisogno di conoscere lo spartito, la Torre di Babele, l'arca di Noè, il mondo sotterraneo, il mondo sopra di noi, la fisiologia ecc.. Questa attività intensa e poliforme lo porta ad avere relazioni con una infinità di persone illustri, nobili, sovrani e scienziati, per cui il Collegio Romano diventa, in quegli anni, un riferimento per moltissime persone di cultura in Europa.

Come mai, allora, il suo nome non è rimasto nella memoria popolare collettiva e rimane confinato alla cerchia di studiosi e specialisti?

Il punto è che, proprio in quegli anni, va nascendo, sotto la spinta del pensiero galileiano, il metodo scientifico moderno, basato sull'idea del mondo fondato sulle leggi della fisica e sulle regole della matematica. Un mondo conoscibile attraverso l'esperimento ragionato e che, proprio per questo, non si presta a essere conosciuto nella sua interezza, ma solo – come dice Galileo – passo dopo passo. La limitatezza dell'essere umano fa sì che per esso il processo di conoscenza possa avvenire solo scegliendo di effettuare un esperimento invece che un altro, e questa stessa selezione rappresenta un limite alla possibilità di percepire l'armonia generale del mondo.

Uno studioso come Kircher, che è appassionato di tutto quello che esiste e che tutto vuole conoscere, può mai accontentarsi di capire solo pezzetti di mondo, separati fra loro? Non scherziamo! La sua idea della conoscenza del mondo è riportata sul frontespizio di una delle sue opere, l'*Ars magna sciendi sive combinatoria*, dove, sotto il trono della *divina Sophia* è scritto a chiare lettere "Niente è più bello della conoscenza del tutto".

Probabilmente è in questo desiderio di comprensione totale del mondo che risiede il limite di Kircher e che ha portato il suo nome a scolorirsi nel tempo. Convinto che l'armonia profonda del mondo operi concretamente, egli tende a credere che tutto ciò che si osserva, per strano che possa apparire, sia reale e che non ci sia bisogno di farsi troppe domande, perché nulla è impossibile per il Creatore. Egli non si pone tanto il problema di dimostrare quello che racconta, quanto quello di convincere e persuadere il lettore. Questa mancanza di esame critico della realtà, per cui raccoglie tutte le informazioni che gli giungono, senza preoccuparsi di verificarle, lo rende approssimativo nella conoscenza e fa sconfinare diverse sue opere in una regione di scarsa credibilità che rende inutile la fatica di ricordarle.

Se tutto questo è vero, però, come si spiega che, a differenza di altri eruditi seicenteschi, Kircher esercita tuttora un fascino insuperabile su chi si avvicina a studiare la vita?

Secondo Umberto Eco il motivo di questo fascino è la vita stessa di Kircher, che suggerisce come sulla scienza e sulla tecnica sia possibile sognare. La conoscenza, certo, è l'obbiettivo dello scienziato, ma di fronte alla meraviglia di quello che si va scoprendo, anche la più rigorosa delle ricerche scientifiche deve lasciare il passo. In questo, Kircher, pur genuinamente barocco, apre uno spiraglio a quegli scienziati che al giorno d'oggi ritengono indispensabile per la scienza recuperare la sua capacità di inventare. È questo atteggiamento visionario — quello, per intenderci, che ha stimolato i primi viaggi sulla Luna — a permettere di concepire i grandi progetti scientifici.

Un'altra interpretazione è stata suggerita dal fisico Marcello Cini,[7] che rivaluta l'approccio di Kircher alla conoscenza totale del mondo, suggerendo che lo stesso atteggiamento sia stato adottato, in ultima analisi, in epoca recente dalla geometria dei frattali. Questa geometria parte proprio dalla considerazione che le linee, i quadrati, i triangoli e le sfere, cioè i mattoni fondamentali dell'universo galileiano, non esauriscono la realtà, anzi, ne costituiscono solo una piccola parte. Il problema che la nuova geometria affronta è che questi enti geometrici hanno soltanto tre dimensioni (una la linea, due le figure piane e tre le sfere e i cubi), ma, a ben pensarci, non c'è alcun motivo perché la natura sia fatta di tre sole dimensioni. Immaginiamo, per esempio, di incartare un cavolfiore di forma tondeggiante con un foglio di plastica molto aderente, in modo che il foglio segua tutti gli avvallamenti e le

---

⁷ M. Cini, 1986, in *Enciclopedismo in Roma Barocca*, Marsilio *ed.*, p. 19

escrescenze sulla superficie. Immaginiamo poi di fare la stessa operazione con un cavolfiore che abbia la stessa forma del primo ma di raggio doppio. Si intuisce facilmente che ci servirà in questo caso un foglio più grande. Certo, ma quanto più grande?

Se la superficie del cavolfiore fosse tonda e liscia ci dovremmo aspettare che il secondo foglio di plastica sia ampio 4 volte il primo, poiché la superficie di una sfera è proporzionale al quadrato del raggio (per questo si dice che la sua superficie ha due dimensioni). Quello che si osserva, invece, è che il foglio che è servito ad avvolgere il secondo cavolfiore è un po' più grande di così: all'incirca 5 volte più grande. Questo vuol dire che la superficie del cavolfiore non ha una struttura né a due né a tre dimensioni, ma che è data da un numero non intero compreso fra 2 e 3, una dimensione frattale, appunto.

Da questi concetti nasce un formalismo che permette di studiare la struttura dei fenomeni più disparati, dalla forma delle nuvole alla traccia che segue un fulmine, da un fiocco di neve a un ammasso di galassie, dalla forma frastagliata della linea di costa a quella della sabbia nel deserto. Un formalismo che unifica fenomeni completamente diversi. Un formalismo che, di certo, avrebbe affascinato Athanasius Kircher.

Naturalmente, fra i suoi molteplici interessi, Kircher annovera anche l'astronomia, che inizia a coltivare mentre si trova ad Avignone, come egli stesso ricorda *"ad astronomicis incumbendū studiis situm admodum opportunum"*, un paio di anni prima di trasferirsi a Roma. Ad Avignone costruisce una specie di planetario, nel quale è possibile leggere una sorta di "ora astronomica", segnata dalla luce che, raccolta sia dal Sole che dalla Luna, viene inviata attraverso un ingegnoso sistema di specchi sulla Torre del Collegio dove risiede.

Mantiene anche una fitta corrispondenza con Christoph Scheiner, il gesuita tedesco che ha osservato le macchie solari e che per questo è in polemica con Galileo, e approva l'interpretazione che il religioso fornisce del fenomeno.

Nel 1633, quando Kircher arriva a Roma, Galileo è stato appena costretto all'abiura e i rapporti con gli studiosi del Collegio Romano si sono irrimediabilmente guastati. Non meraviglia quindi che gli amici di Galileo, quando se ne presenta l'occasione, non si lascino pregare per prendere in giro gli atteggiamenti più retrivi di qualche gesuita. Kircher, già sospettato di scarso rigore scientifico, rappresenta un bersaglio ideale per le frecciate dei galileiani. D'altra parte è diventato il cattedratico di matematica e passa per epigono di Scheiner e quando, nel 1641, pubblica il suo *Magnes sive de arte magnetica,* Evangelista Torricelli così descrive il trattato a Galileo:

> "Due nuove famose ci sono: la morte del Card.[l] Pio, e la stampa, aspettatissima già sono anni, del P. Atanasio Kircher. Questo è il Gesuita matematico di Roma. L'opera stampata è un volume assai grosso sopra la calamita; volume arricchito con una gran supelletile di bei rami. Sentirà astrolabii, horologii, anemoscopii, con una mano poi di vocaboli stravagantissimi. Fra l'altre cose vi sono moltissime carraffe e carraffoni, epigrammi, distici, epitafii, inscrittioni, parte in latino, parte in greco, parte in arabico, parte in hebraico et altre lingue. Fra le cose belle vi è, in partitura, quella musica che dice esser antidoto del veleno della tarantola. Basta: il Sr Nardi e Maggiotti et io habbiamo riso un pezzo."[8]

Apparentemente Kircher neppure percepisce queste frecciate di critica o, forse, non gliene importa molto, visto che continua a ricevere visite da tutte le persone più illustri dell'epoca. D'altra parte, a quasi quarant'anni, si trova nel pieno della maturità e deve iniziare a sistematizzare la sua concezione dell'Universo che ci circonda e lo fa elaborando una fantasia, basata su una nuova idea filosofica, l'universalità del dualismo fra luce e ombra.

È del tutto chiaro, secondo Kircher, che le ombre messe in evidenza dalle fonti di luce, compongono quelle immagini che descrivono i moti, i passaggi delle stelle e, in definitiva, la complessa armonia dell'Universo. È nel gioco delle luci e delle ombre, come scriverà nell'*Ars Magna Lucis et Umbrae,* che può rivelarsi il disegno della Natura. E sono le luci e le ombre che scrivono il trattato di cosmologia kircheriana rappresentato dai quattro orologi solari conservati all'Osservatorio Astronomico di Roma a Monte Porzio Catone.

---

[8] E. Torricelli, 1641, Bibl. Naz. Fir., Mss. Gal., P. VI, T. XIII, car. 270-271. – Autografa

Si tratta di quattro tavole di ardesia magnificamente affrescate e che richiedono almeno due visite: la prima per ammirarne l'armonia e la bellezza artistica e la seconda per avere una, sia pur lontana, percezione delle infinite informazioni di carattere astronomico che, attraverso le ombre proiettate da una quantità di diversi gnomoni, si possono ottenere.

La prima tavola, *Sciatericon totius motus primi mobilis,* è un calendario gregoriano, dove sono riportate le diverse fasi della luna e i giorni nei quali si verificano. Non mancano — e come potrebbero? — la durata del giorno, quella del crepuscolo, l'ora del sorgere e del tramontare del Sole, le effemeridi dei Santi, i segni zodiacali, il nome dei gesuiti illustri e il calcolo delle feste religiose mobili. La tavola è solcata da un fittissimo reticolo che sembra tracciare più le linee del pensiero di Kircher che linee reali. In questo reticolo, destinato a catturare le ombre, compaiono figure, simboli zodiacali, immagini che riflettono lo stupore dello scienziato e la meraviglia del barocco: in alto appare una figura umana che sembra tenere i fili dell'Universo e del tempo che la tavola deve misurare. Un sole vegliardo e, insieme, bambino sembra sorridere alla luna che riflette l'immagine di un uomo imbronciato. I segni zodiacali, un Acquario affaccendato, un Capricorno saltellante, una Vergine, danzante sono partecipi di questa meraviglia.

La seconda tavola è una *Planetographia sciaterica:* prevede la posizione dei cinque pianeti conosciuti, Mercurio, Venere, Marte, Giove e Saturno ed è la più didascalica e la meno illustrata delle quattro tavole. L'ombra di uno stilo permette di indovinare in quale segno zodiacale si troverà il pianeta negli anni futuri ma, essendo tracciata utilizzando il sistema Tychonico, la previsione risulta valida per un arco di tempo limitato e diverso per ogni pianeta.

Lo *Sciatericon duodecim signorum quavis hora ascendentium et descendentium* rappresenta il tentativo, sorvegliatissimo dal punto di vista scientifico, di definire i ventiquattro fusi orari della Terra e diventa motivo decorativo. Le 24 fasi lunari indicano lo sfasamento orario in 24 regioni della Terra, ma sono anche 24 formelle ritmiche che si dispongono in un cerchio che racchiude le figure zodiacali, tanto fantastiche ed eteree quanto effettivamente reali nelle congetture di Kircher.

L'ultima tavola, lo *Sciatericon Physico-medico-mathematico*, è insieme la più bella esteticamente e la più emblematica delle tavole della filosofia di Kircher. Si tratta del rapporto intimo che esiste fra microcosmo e macrocosmo, dal quale discende che, imparando a interpretare gli eventi celesti, si può riuscire a comprendere la natura dell'uomo e il suo futuro. Al centro della tavola appare una figura umana che, combinata con un orologio solare, permette di indicare i periodi dell'anno più favorevoli all'insorgere di certe malattie e quelli più propizi per curarsi.

La tavola non si ripromette di dare indicazioni soltanto su questioni di salute ma, tanta è la fiducia di aver individuato la relazione profonda tra l'Universo e l'Uomo, che, utilizzando un apposito orologio solare tracciato sulla tavola stessa, è possibile prevedere i periodi migliori e peggiori per iniziare attività quali pescare, tagliare legna, piantare e seminare.

Compare una bella rappresentazione della Rosa dei Venti e del Pellicano che nutre i suoi figli, simbolo dell'amore di Cristo per noi umani. Al centro della tavola ci sono le immagini di due scienziati antichi, Euclide, che disegna figure geometriche, e Tolomeo. Forse quel Tolomeo con gli occhiali e il compasso in mano, raffigurato mentre scruta l'Universo abbandonando i calcoli e sbirciando nella meraviglia, è l'immagine somigliante e realistica dell'animo di Athanasius Kircher, S. J.

È probabile che le tavole sciateriche abbiano uno scopo tecnico e didattico, per cui Kircher si propone di descrivere la sua visione dell'Universo con due trattati che richiedono un certo periodo di maturazione e che saranno quindi pubblicati alcuni anni più avanti, l'*Itinerarium extaticum* e il *Mundus subterraneus* nei quali Kircher presenta la "la mia sententia e opinone intorno la natura, compositione e fabrica dei globi celesti" e, a dire la verità, il risultato è di gran lunga inferiore a quello che ottiene nelle tavole.

Il primo dei due trattati, dedicato alla natura dei cieli, ha una struttura forse ispirata a quella della Divina Commedia con Kircher stesso nel ruolo di Dante e con Cosmiel, un angelo allegro e chiacchierone, al posto di Virgilio. La descrizione del mondo, però, è antiquata e ricalca concetti che risalgono all'ortodossia cattolica, sia classica che moderna, ma, soprattutto, più che un quadro coerente dell'universo seicentesco, se ne ricava una serie di visioni poetiche che ignorano completamente i grandi progressi fatti dall'astronomia in quegli anni, come quando si afferma, in maniera disarmante, "altri natali non sortisca la Cometa, che dal Sole". Inutile dire che i suoi detrattori hanno di che inzuppare il pane!

Anche il tono di *Mundus subterraneus* non si eleva particolarmente. Cosmiel (che quando Kircher visita il mondo delle acque sotterranee viene sostituito da un altro angelo, Hidriel…) spiega che la Terra è cava all'interno, con caverne e canali, e al centro c'è una enorme massa di rocce incandescenti e fuoco, che vengono portati all'esterno dalle esplosioni dei vulcani.

Ora, tutto si può dire di Kircher, ma non che sia uomo con scarsa fantasia e incapace di inventare qualcosa di meglio che cambiare il nome dell'angelo quando si trova a visitare il mondo delle acque! Viene da pensare che Kircher, in certe occasioni, scrive perché gli viene richiesto da qualche suo superiore[9], oppure che sia spinto a farlo per avere l'occasione di dedicare un libro a qualche personaggio autorevole. L'*Itinerarium extaticum*, per esempio, è dedicato a quel personaggio eccentrico che è la Regina Cristina di Svezia, la quale, fra i suoi molteplici interessi a Roma, cura quello dell'astronomia. Quello che Kircher vorrebbe veramente, però, è potersi dedicare alla realizzazione dell'idea che lo coinvolge di più e della quale andrà orgoglioso per tutta la vita: creare un Museo dove raccogliere tutte le meraviglie che si trovano nel mondo!

All'inizio colleziona fossili, monete, reperti egiziani e animali esotici impagliati. La Regina Cristina gli regala un corno di unicorno (che poi è il dente di un narvalo). I suoi confratelli missionari gli inviano costumi esotici dalle americhe, statuine di diavoletti dalla Cina e avori dall'Africa. Padre Roth gli porta dall'oriente dei piccoli sassi capaci di combattere il veleno dei serpenti. Kircher accoglie con gratitudine tutte queste donazioni. Ha anzi un atteggiamento laico, nel senso che tutto è meritevole di attenzione per cui non seleziona gli oggetti che gli giungono, neppure quelli a carattere didascalico. Ancora oggi è conservata al Liceo Visconti la

---

[9] J. Fletcher, 1986, in *Enciclopedismo in Roma Barocca*, Marsilio ed., p. 134

Il Museo Kircheriano nella antiporta di Giorgio De Sepi

sfera armillare che si trovava nel Museo Kircheriano rappresentante contemporaneamente il sistema cosmologico tolemaico e quello copernicano: l'armilla poggia, infatti, su una forcella girevole che permette di portare al centro della sfera planetaria la Terra o il Sole, lasciando inalterata la posizione degli altri pianeti.

Kircher conserva il tutto nella sua stanza al Collegio Romano e poi, mano a mano che la sua collezione si arricchisce, chiede al Rettore del Collegio una seconda sala. Ha così agio di aggiungere coccodrilli, testuggini, animali imbalsamati, zanne di elefante, ossa di balena, corni di rinoceronte e perfino una coda di sirena. Kircher non si limita a esporre i reperti dei quali viene in possesso ma li esamina, li guarda e li studia, non con il semplice obbiettivo di catalogarli, ma di utilizzarli per dare una risposta a questioni fondamentali, quale la domanda "come erano sistemati gli animali nell'arca di Noè?"

Bisogna tenere presente, infatti, che il "Sole fermati!" di Giosuè non è l'unico passo della Bibbia che genera problemi nella sua interpretazione letterale e che l'episodio del Diluvio Universale e il ricovero di tutte le specie animali viventi nell'Arca di Noè ne genera altrettanti. Un problema di questo genere non è nuovo, ma la continua scoperta di nuove specie animali, che le esplorazioni geografiche dell'epoca riportano quotidianamente, rischia di farlo esplodere. E Kircher, da buon gesuita partecipe della Controriforma e desideroso di adeguarsi all'interpretazione della Bibbia imposta dal Santo Uffizio, affronta la questione in modo razionale nel suo *Arca Noë*.

Da tutte le specie da salvare nell'Arca egli inizia a escludere i pesci, gli anfibi, gli ippopotami, le foche, i castori e, naturalmente, le sirene, tutte quelle specie, cioè, che se la sarebbero cavata anche in un mondo sommerso dalle acque. Esclude poi tutti gli organismi che possono nascere spontaneamente dal fango e dalle acque stagnanti come serpenti, insetti e rane (nel '600 quella della generazione spontanea della vita è teoria diffusa, anche se contrastata). Ma non basta. Per ridurre ancora il numero di specie da salvare, Kircher esclude tutte quelle che vengono classificate come prodotto di incroci verificatisi dopo il Diluvio e, fra queste, compare la giraffa, incrocio fra un cammello e un leopardo, e l'armadillo, incrocio fra un riccio e una tartaruga. Così, passo dopo passo, Kircher riesce a ridurre le specie da salvare a un numero abbastanza piccolo da far entrare tutti gli animali in un'Arca di dimensioni ragionevoli.

La sua idea di museo di tutte le meraviglie che esistono nella natura si allarga rapidamente a quello delle macchine costruite per stupire il visitatore: ciò che veramente affascina il gesuita è riuscire a leggere negli occhi dei suoi visitatori il senso del loro stupore. Fa allora collegare attraverso un tubo la sua stanza di lavoro con quella dove è esposta la raccolta, realizzando una specie di interfono, in modo da essere comodamente avvertito dell'arrivo di visitatori ma, anche, di illustrare la sua collezione, con la sua voce, che scende in modo magico ed etereo dalla parete, pur non trovandosi lui stesso nella sala. In un secondo momento ha l'idea di utilizzare lo stesso meccanismo per ricreare l'*Oracolo di Delfi,* facendo uscire il tubo dalla bocca di una statua "con arte tale che essa quasi respirando a bocca aperta e muovendo gli occhi di qua e di là sembra parlare…"[10].

Nel 1651 l'aristocratico Alfonso Donini decide di donare al Collegio Romano la sua collezione di reperti antichi. La raccolta è formata da

> "statue, mascheroni, idoli, quadri, armi, pitture, tavole di marmo e di altra materia pretiosa, vasi di vetro et cristallo, instrumenti mosicali, piatti dipinti, diverse sorte di pietre et frammenti di antichità…"[11].

Kircher non si fa sfuggire l'occasione per richiedere al Rettore del Collegio nuovi spazi per ospitare degnamente il suo Museo, dove possano essere esposte non solo le due collezioni, quella originale e quella di Donini, ma soprattutto le sue macchine fantastiche e le invenzioni che finiscono col dare al Museo un'impronta unica.

Il Museo è, in effetti, una specie di appendice di Kircher stesso, per cui non è visitabile, e sicuramente non apprezzabile, se non accompagnati dall'autore. Il gesuita mostra ai visitatori, che sono spesso personaggi illustri, i suoi dispositivi del moto perpetuo, il

---

[10] Giorgio De Sepi, 1678, *Romani Collegii Musaeum Celeberrimum…,* Amsterdam

[11] Amico Abinante, *Testamento,* Archivio Storico Capitolino, 1645-1651

suo orologio realizzato con un girasole, la sua macchina per far impazzire un gatto facendogli vedere la sua stessa immagine attraverso infinite riflessioni. Ma parla anche del suo Gesù magnetico, che cammina sulle acque, quello che è descritto nell'*Ars Magnetica* e che, ad ogni buon conto, potrebbe essere utilizzato per convincere gli infedeli della superiorità della dottrina di nostra madre Chiesa. A fin di bene, indubbiamente.

Anche la lanterna magica crea suggestioni a vantaggio dei visitatori (che spesso sono protestanti) quando, utilizzando la luce di una candela, proietta l'immagine ammonitrice della Morte munita di falce e clessidra o quella di un'anima che brucia nel fuoco dell'inferno.

In queste costruzioni non c'è nulla di particolarmente esoterico (o, almeno, non più del livello comune dell'epoca) e tanto meno di desiderio di mistificare la realtà. Al contrario c'è il desiderio di suscitare nel visitatore l'entusiasmo di riuscire a capire i fenomeni naturali e addirittura di riprodurli.

Per avere un'idea di cosa sia il Museo di Kircher a metà del Seicento bisogna rifarsi all'antiporta del catalogo di Giorgio De Sepi, nel quale si vede come gli oggetti erano disposti, senza armadi né scaffali, semplicemente secondo un criterio estetico.

Si vede Padre Kircher che accoglie due visitatori, cordialmente come sempre. I tre appaiono sovrastati dalle enormi volte del corridoio e dagli obelischi in legno che Kircher ha riprodotto, in modo più o meno fedele, pensando a quelli reali sui quali lavora per leggerne le iscrizioni geroglifiche. All'ingresso si vede uno scheletro umano e delle urne cinerarie e poi, a sinistra, dei vasi di vetro di forme disparate, una zanna di elefante e un rostro di pesce-spada e, lungo il corridoio, diversi busti, probabilmente risalenti all'epoca dell'antica Roma. Sul soffitto appare un affresco della Terra circondata dalla fascia dei segni dello Zodiaco.

Questa incisione, forse più che tante descrizioni, ci fa capire lo spirito del Museo di Kircher che intende rappresentare il "polimorfo teatro di Natura, dispiegato davanti al nostro sguardo, sotto il legame allegorico di una occulta significazione" come egli stesso spiega nella dedica all'imperatore Ferdinando II, nel terzo libro dell'*Oedipus*.

L'insieme di tutti gli elementi che si osservano, che partono dal nostro cosmo quotidiano e arrivano al macrocosmo celeste, rappresenta tutto il Creato e suggerisce che nessuna conoscenza è preclusa a chi si accosta al suo studio con l'animo disponibile a farsi stupire.

In alto a sinistra, nella immagine del catalogo di De Sepi appare, appeso al soffitto, il corpo imbalsamato di un armadillo. Fra i visitatori che rimangono colpiti da questo strano animale, dotato di corazza e che non somiglia a nessun animale già conosciuto, c'è Gianlorenzo Bernini il quale, a partire dal 1648, inizia con Atanasius Kircher un'intensa collaborazione che durerà per tutta la vita. L'occasione è quella del ritrovamento dell'obelisco romano che sorgeva al circo di Massenzio sulla Via Appia e che papa Innocenzo X decide di collocare a Piazza Navona, affidando a Bernini la realizzazione della Fontana dei Fiumi e a Kircher, riconosciuto egittologo, la consulenza per la ricostruzione dell'obelisco, che era stato danneggiato già dall'epoca delle invasioni barbariche.

Secondo gli esperti ci sono diversi particolari e, soprattutto, il simbolismo generale dell'opera che lasciano intuire come Bernini, mentre realizzava il progetto della Fontana dei Fiumi, abbia avuto un rapporto continuo con Kircher; ma c'è qualcosa di più. Quando ci si trova davanti alla fontana, di solito si ammirano i quattro giganti che rappresentano i grandi fiumi conosciuti nel '600 e ci si ricorda di come il popolo di Roma spiegarsi che quel selvaggio gigante con la mano alzata davanti al viso e raffigurante il Rio della Plata stia semplicemente riparandosi di fronte al prevedibile crollo della facciata di S. Agnese. Se però si butta l'occhio sotto il gomito del gigante si vede emergere, come se sbucasse da una caverna, una specie di strano drago ricoperto di scaglie e con una smorfia beffarda sul muso, somigliante in modo straordinario all'armadillo che penzola tristemente dal soffitto del Museo Kircheriano. Chissà, magari alla povera bestia imbalsamata il labbro si è arricciato perché anche per essa il tempo trascorre o perché l'aria del Museo risulta troppo asciutta, fatto sta che Bernini decide di fare al suo amico, Padre Atanasio, il regalo di far rivivere il suo armadillo, consegnandocelo nella Fontana dei Fiumi.

L'amicizia fra Bernini e Kircher è profonda e la sua motivazione istintiva va ricercata nello splendore dei palazzi e delle chiese romane. Il progetto di S. Andrea al Quirinale, per esempio, viene commissionato a Bernini per avvolgere con i suoi rutilanti effetti speciali di forme, colori, ed acustica i giovani gesuiti che si formano a Roma prima di partire per le missioni. L'idea è di esaltare questi giovani con sensazioni profonde che conducano dalla sensualità sconvolgente alla spiritualità estatica.

Bernini in questo è un maestro. Basta arrivare a S. Maria della Vittoria e ammirare l'estasi di S. Teresa per rivivere lo stesso sentimento di contrasto e giuntura spirituale. La Santa è rappresentata in un momento di rapimento fisico, mentre l'angelo la trafigge con un sorriso ineffabile. È questa la santità come la immagina Bernini? Be' è certo una santità molto diversa da quella delle sante a mani giunte, eterne bambine. È una santità che noi possiamo leggere con qualche malizia. Nella speculazione filosofica platonizzante del Seicento, però, i pensieri e le fantasie sono destinati a incanalarsi verso la sublimazione assoluta, non facile a realizzarsi, ma che rappresenta almeno un obbiettivo da perseguire attraverso l'arte e la scienza.

È in questo quadro di intesa sui modi per avvicinarsi alla conoscenza e alla scoperta che Bernini e Kircher, qualche anno più tardi, hanno l'occasione di interessarsi nuovamente a un progetto comune, quello del Pulcino della Minerva. Capita che, nel 1665, i Padri Dominicani rinvengono nel giardino del convento di S. Maria Sopra Minerva un piccolo obelisco di granito rosa. I padri informano immediatamente Kircher, che è il Soprintendente alle Antichità e massimo studioso di egittologia dell'epoca, il quale però non può accorrere immediatamente come vorrebbe perché si trova a Tivoli dove è preso da un'opera che lo coinvolge profondamente: è sicuro, infatti, di aver ritrovato durante una delle sue escursioni archeologiche, le rovine di una chiesetta, luogo della conversione di S. Eustachio, dopo la visione di un cervo miracoloso che portava una croce fra le corna, per cui Kircher ha deciso di ricostruire la chiesetta.

Il ritrovamento dell'obelisco, d'altra parte, lo interessa enormemente. Chiede allora che gli vengano inviati i disegni dei geroglifici che appaiono sulle tre facce visibili dell'obelisco e, senza battere ciglio, disegna i geroglifici che sarebbero stati trovati scolpiti sulla faccia appoggiata a terra. Fin qui, conoscendo Kircher, niente di strano. Lo strano è che ci indovina[12]!

---

[12] C. Marrone, 2002, *I geroglifici fantastici di Athanasius Kircher*, Stampa Alternativa & Graffiti ed.

È questo l'obelisco che papa Alessandro VII fa sistemare a Piazza della Minerva, a due passi dal Collegio Romano, sopra l'elefantino disegnato da Gianlorenzo Bernini e che, nella sua posa, sbeffeggia i Domenicani che troppo avevano interferito col progetto.

Mentre il Museo Kircheriano va sempre più diventando una tappa obbligata per i visitatori di riguardo, sta nascendo a Roma quella scuola di costruzione di strumenti ottici che, come vedremo, avrà un ruolo importante nello sviluppo del dibattito scientifico dell'epoca. Così, quando nel dicembre del 1664 appare una cometa — un'altra cometa di Natale! — Kircher si fa assistere da Eustachio Divini, uno dei più famosi costruttori di telescopi dell'epoca, per eseguire le sue osservazioni alle quali assiste la Regina Cristina di Svezia, fedele frequentatrice del gesuita e appassionata di scienze celesti ed esoteriche.

Con la maturità, Athanasius Kircher sente in misura sempre maggiore il bisogno di far conoscere le sue idee sul mondo e si dedica a scrivere un gran numero di libri che spaziano da un trattato sulla Cina a uno studio archeologico sul Lazio, da una dissertazione sulla scienza combinatoria a un approfondimento sul magnetismo. In questa molteplicità di argomenti trattati egli sembra riaffermare, dopo tanti anni, la differenza del suo approccio alla conoscenza rispetto a quello di Galileo: un approccio enciclopedico, il suo, basato sulla convinzione che lo studio della natura va affrontato nel suo insieme, agli antipodi dell'approccio di Galileo, basato sull'idea che la natura vada sezionata e studiata attraverso la semplificazione dell'esperimento.

È forse questa intensa attività libraria o, forse, è il declino della sua salute che portano Kircher a dedicare meno tempo alla cura del Museo che sembra deperire assieme al suo creatore. Nel 1678, Antonio Badiglioni, in una lettera a degli amici fiorentini scrive

"il povero vecchio Padre Kircher sta cedendo rapidamente: da più di un anno è diventato sordo e ha perso la vista e gran parte della memoria. Raramente lascia la sua stanza se non per recarsi in farmacia o in portineria…"[13].

---

[13] P. Findlen, 2001, *Il Museo del Mondo*, Ed. De Luca, p.45

4 - Athanasius Kircher, antiporta da De Sepi, Romani Collegii (1678)

Ritratto di Athanasius Kircher

Athanasius Kircher muore a Roma il 27 novembre 1680 e, secondo il suo volere, il suo cuore viene tumulato nella cappella di Santa Maria della Mentorella, alla quale egli è devoto. Non si sa, invece, dove sia sepolto il suo corpo.

Il Museo declina rapidamente. Senza una persona che abbia l'incarico di prendersene cura, le collezioni subiscono furti o, semplicemente, se ne perde traccia. Quando Leibniz ha occasione di visitarlo nel 1689, il Museo è già praticamente distrutto[14].

I danni al Museo raggiungono un punto tale che, nel 1698, Papa Clemente XI è costretto a emettere un editto che arriva a minacciare la scomunica verso chiunque violi il Museo di Kircher. Ma la sua sorte è segnata: fra dispersioni e abbandoni, l'esistenza del fantasma del Museo di Kircher si trascina fino all'inizio del secolo scorso. Si giunge a dover assistere allo spettacolo di figuri che offrono all'acquisto del Museo Nazionale Romano alcune monete trafugate dal Kircheriano[15]. Nel 1915 il Ministero della Istruzione ne decreta la chiusura, dando al Museo di Athanasius Kircher, S. J., il colpo di grazia.

---

14 *Ibidem*, p. 46
15 S. A. Bedini, 1986, in *Enciclopedismo in Roma Barocca*, Marsilio ed., p. 261

La guerra dei telescopi fra piazza Navona e Montecitorio

Dio disse: "Mò che ho fatto Cielo e Tera,
domani attacco Luce e Firmamento,
mercoledì fò er mare, doppo invento
farfalle e fiori pe' la Primavera."
Aldo Fabrizi, 1905-1990

Le associazioni di mestieri, che si sono sviluppate in tutte le città italiane, a Roma, dove l'autorità ecclesiale e l'autorità civile sono largamente coincidenti da diversi secoli, assumono connotazioni specifiche. I membri delle associazioni più importanti dispongono, per esempio, di una loro chiesa nella quale riunirsi per assistere alle funzioni religiose, ma anche per parlare dei problemi delle loro categorie[16]. Le chiese sono gestite da una delle Confraternite che hanno fatto la loro comparsa nel Giubileo del 1575, contribuendo in quell'occasione a creare, con le loro colorate processioni, un'atmosfera popolare di suggestione religiosa che Gregorio XIII ha apprezzato al punto da concedere il loro riconoscimento ufficiale (la natura delle Confraternite deve essere degenerata con l'andare del tempo, se Francesco Crispi, diversi secoli dopo la loro istituzione, ritiene che non vadano ulteriormente supportate dallo Stato:

"Non si può riconoscere"— scrive in una relazione ministeriale del 18 febbraio 1890 — "un carattere di utilità pubblica in enti che, salvo poche eccezioni, hanno per fine lo spettacolo di funzioni religiose, causa ed effetto di fanatismo ed ignoranza, di regolare il diritto di precedenza nelle processioni; di difendere le prerogative di un'immagine contro un'altra; di stabilire

---

[16] P. Staccioli e S. Nespoli, 1996, "Roma Artigiana" Newton Compton ed.

il modo e l'ora delle funzioni; di regolare il suono delle campane, lo sparo dei mortaretti e via dicendo"[17]).

Ancora oggi a Roma resta traccia delle vecchie Confraternite in alcuni nomi legati alla loro chiesa e all'associazione di riferimento, come la Confraternita di Santa Maria della Quercia dei macellai e la Confraternita dei marmorai della chiesa dei Santi Quattro Coronati, così come resta traccia delle antiche associazioni e dei gruppi di mestieri nel nome di una quantità di vie, vicoli e piazze che richiamano alle attività che vi si esercitavano. Balestrari, Barbieri, Baullari, Canestrari, Cappellieri, Cestari, Chiavari, Chiodaroli, Ombrellari, Sediari, Funari, Falegnami, Pianellari sono solo alcuni dei mestieri che ritroviamo ricordati nella toponomastica romana e che indicano la consuetudine degli artigiani che esercitavano la stessa arte a riunirsi in un singolo luogo.

È però inutile, perché non esistono, andare a cercare Piazza dei Fabbricanti di Telescopi, o Via dei Costruttori di Lenti. Eppure queste attività furono nel '600 importantissime a Roma, dove operarono due fabbriche di telescopi e strumenti ottici, quella di Eustachio Divini, dalle parti di Piazza Navona e quella dei fratelli Campani, verso Montecitorio. Si trattava di due fabbriche molto importanti nelle quali è probabile che lavorasse un discreto numero di operai e artigiani, meccanici, vetrai, falegnami, conciatori ecc.. È forse la distanza fra le due botteghe, o magari l'accesa concorrenza che si sviluppò fra i due costruttori, che impedì la nascita di un toponimo specifico che ricordasse la costruzione degli strumenti astronomici a Roma.

Ed è un peccato, perché quasi nessuno oggi ricorda che le due fabbriche romane fornirono a mezza Europa i telescopi utilizzati per effettuare molte delle scoperte astronomiche nel Seicento. La vicenda dei due costruttori romani di telescopi, Eustachio Divini e Giuseppe Campani, che crearono attorno a loro un specie di tifo quasi calcistico con tanto di tifosi e ultras, è così rilevante che ha meritato una monografia da parte dell'Istituto e Museo di Storia della Scienza di Firenze[18].

---

[17] *ibidem*
[18] M.L. Righini Bonelli e A. Van Helden,1981, *Divini and Campani: A Forgotten Chapter in the History of the Accademia del Cimento*, Supplemento agli Annali dell'Istituto e Museo di Storia della Scienza, fasc.1, Firenze

Il primo dei due ad arrivare a Roma è Divini, attorno al 1640. Viene da Sanseverino Marche dove è nato nel 1610 e dove ha effettuato i suoi studi mostrandosi poco portato alle materie umanistiche (un dettaglio che avrà la sua importanza). Quanto alle materie tecniche, invece, è tutta un'altra storia.

Saputo che a *La Sapienza* insegna Benedetto Castelli, allievo di Galileo, Divini si iscrive immediatamente al suo corso e, evidentemente, lo fa con profitto, perché stringe amicizia con un altro brillante studente che conosce personalmente Galileo, Evangelista Torricelli, col quale instaura una intensa collaborazione sulle teorie dell'ottica e sui metodi di lavorazione delle lenti.

In questi stessi anni un altro giovane, Gaspare Berti, frequenta *La Sapienza* nella speranza di intraprendere la carriera universitaria. Anche Berti è stato allievo di Castelli ed è amico di Torricelli e, insieme a questo, si occupa di esperimenti per stabilire se il vuoto sia qualcosa che possa esistere davvero.

Il concetto di vuoto è oggi un problema serio, ma lo era anche nel '600, perché Aristotele, sulla base di induzioni fisiche e filosofiche, aveva negato che il vuoto potesse esistere, neppure come semplice possibilità logica, e la visione aristotelica del mondo è una costruzione coerente che non sopporta di perdere neanche il più piccolo mattone senza che tutto l'edificio rischi di crollare. Per esempio, se si esclude l'esistenza, sia pure ipotetica, del vuoto ne segue che neanche Dio avrebbe potuto crearlo e la sua onnipotenza ne risulterebbe così limitata! No, in un mondo nel quale la scienza si chiama ancora filosofia, è più saggio concludere che la natura ha "orrore del vuoto", qualunque cosa significhi questa espressione.

Gaspare Berti, però, non si preoccupa più di tanto dei temi filosofici legati al concetto di vuoto e continua i suoi esperimenti concentrandosi su un esperimento specifico, cioè quello di pesare l'aria che ci circonda. E, a questo scopo, inventa una specie di barometro ad acqua, quello strumento che poi, avendo sostituito l'acqua col mercurio, il suo amico Torricelli perfezionerà rendendolo più maneggevole.

Il macchinario di Berti è alto più di 13 metri e deve essere ancorato al muro del chiostro del convento dei Padri Minimi a Trinità dei Monti, così come ce lo rappresenta Gaspar Schott nel suo *Technica curiosa, sive, Mirabilia artis*. Si tratta di un lunghissimo tubo dotato di un rubinetto che, dalla parte inferiore, è immerso in una botte piena d'acqua.

Il giorno dell'eperimento Berti si fa assistere dai suoi amici Raffaello Magiotti, segretario dell'Accademia dei Lincei, Evangelista Torricelli, Niccolò Zucchi, gesuita del Collegio Romano e costruttore di telescopi e, nientedimeno, Athanasius Kircher.

Berti, da una finestra, riempie il tubo e, quando è pieno, lo sigilla. Poi chiede a uno dei suoi amici di aprire il rubinetto all'altra estremità del tubo. C'è tensione. Il tubo si comincia a svuotare, ma, quando la colonna d'acqua arriva a 18 braccia, cioè un po' meno di 10.5 metri, si ferma. Forse oggi la cosa può non farci impressione, così come non ce la fa una colonna di mercurio di 76 centimetri quando la troviamo appesa alle pareti di qualche luogo improbabile, un ristorante o uno studio medico, ma nel '600, una colonna d'acqua di tre piani che non si svuota nonostante che il tubo sia aperto alla base, è uno spettacolo che fa riflettere. E la prima domanda che viene alla mente è: che cosa c'è nella zona che è rimasta senza acqua alla cima del tubo? C'è il vuoto oppure qualche strana sostanza come gli spiriti dell'acqua o, addirittura l'aria che, se c'è, non può che essere passata attraverso i pori del tubo? Per strani che siano questi suggerimenti, c'è da dire che, se non si vuole ammettere l'esistenza del vuoto, non ci sono molte vie di uscita. Bisogna continuare con indagini ponderate, perché la questione del vuoto presenta anche aspetti di rischio personale.

Una bella idea, neanche a dirlo, viene a Kircher. Poniamo una campanella sospesa con un filo – dice il gesuita – all'interno del tubo nella sua parte superiore, mettiamo poi all'esterno del tubo, all'altezza della campanella, una calamita in modo che il batacchio di metallo, attratto dalla calamita, resti immobile e eseguiamo nuovamente l'esperimento che abbiamo appena visto. Quello che accadrà è che la campanella nella parte superiore del tubo resterà all'asciutto. Se ora noi rimuoviamo la calamita – continua Kircher – il batacchio andrà naturalmente a colpire la parete della campana. A noi non resterà che stare ad ascoltare: se sentiamo il tocco della campana, vuol dire che all'interno del tubo c'è una sostanza materiale, se non sentiamo nulla, possiamo concludere che si è creato il vuoto, con buona pace di Aristotele. Fantasioso e geniale, come sempre, Kircher mostra anche una discreta dose di coraggio.

Si ripete l'esperimento, con tensione ancora maggiore. Berti riempie il tubo, lo sigilla e fissa il magnete. Qualcuno apre il rubinetto dal basso e la campanella resta all'asciutto. Con grande circospezione Berti toglie il magnete che è legato alla parete del tubo e il batacchio ricade sulla parete della campana. Nel grande silenzio che si è creato tutti sentono distintamente il suono che proviene dall'interno del tubo! Nel tubo, quindi, non c'è il vuoto.

Peccato. Un esperimento così elegante ha portato a conclusioni sbagliate. Nessuno pensa che il suono che si è sentito non è stato trasmesso dall'aria, che in effetti nel tubo non c'è, ma dal filo che tiene sospesa la campanella.

Ma torniamo alla storia dei telescopi romani e a Eustachio Divini il quale, nel frattempo, aperta la sua bottega, che diventa meta di scienziati e di curiosi, svolge l'attività di fabbricante di orologi e di lenti. Si appassiona così alla realizzazione di microscopi e di telescopi, immediatamente apprezzati dai tecnici del campo, tanto che Divini è ammesso a frequentare regolarmente il Collegio Romano[19]. Nel 1649, raggiunta la maturità professionale, ritiene sia arrivato il momento di farsi conoscere da un pubblico più vasto di quello romano e stampa un manifesto per pubblicizzare la qualità dei suoi telescopi. Sul manifesto sono disegnate le immagini degli oggetti astronomici da lui osservati, con i suoi telescopi; in alto appare la dedica al Granduca di Toscana Ferdinando II, circondata dall'immagine della Luna crescente e da quella di Saturno. Al centro è disegnata l'immagine della Luna al plenilunio e, negli angoli, le immagini di *Venere cornigera* e di Giove con i quattro satelliti medicei.

A metà del Seicento i telescopi costruiti intorno a Piazza Navona non hanno rivali, essenzialmente perché Divini è in grado di costruire lenti di dimensioni fino a 12 centimetri e di grandissima lunghezza, caratteristica necessaria per aumentare l'ingrandimento del telescopio e attenuare le fastidiose aberrazioni ottiche tipiche di questi strumenti. La considerevole lunghezza focale dei telescopi suggerisce che non dobbiamo immaginare Divini come un semplice artigiano che lavora nella sua bottega, magari con

---

19 L. Lippi, 2001, *Eustachio Divini a San Severino Marche*, Quaderni del Consiglio Regionale Marche, *Scienziati e Tecnologi Marchigiani nel Tempo*

l'assistenza di qualche ragazzo, ma piuttosto come colui che dirige una piccola industria, nella quale sia possibile realizzare telescopi di lunghezza superiore ai 10 metri, che richiedono un'assistenza ingegneristica di buon livello, sia per quanto riguarda il progetto che in fase esecutiva, per realizzare gli argani e le ruote dentate necessarie per la movimentazione.

Mentre la sua attività è tanto fiorente da fare fatica a soddisfare le ordinazioni provenienti da tutta Europa, Eustachio Divini ha un intoppo causato, a ben guardare, dalla sua scarsa inclinazione per le materie classiche, che lo ha portato a non studiare bene il latino. Vediamo il fatto.

Nel 1659 un astronomo olandese, Christiaan Huygens, pubblica *Systema Saturnium* nel quale, basandosi su osservazioni effettuate con un telescopio da lui stesso costruito, suggerisce che la strana sagoma di Saturno vada interpretata come un anello che circonda il pianeta. Huygens passa poi in rassegna tutte le diverse interpetazioni della forma di Saturno che si sono succedute dai tempi di Galileo e conclude che sono tutte basate su osservazioni effettuate con telescopi di cattiva qualità. Passa poi al disegno di Saturno pubblicato da Divini sul suo manifesto pubblicitario una diecina di anni prima. Divini — dice Huygens, chiamandolo "prestantissimus perspicillorum artifex" — ha effettuato dei disegni corretti, a parte il fatto che ha aggiunto delle ombre in modo arbitrario "nisi quod umbras illas quae in schemate apparent, de suo, ut opinor, adjecit".

Non che l'affermazione sia particolarmente polemica, ma poiché avviene dopo l'annuncio di Huygens della scoperta del primo satellite di Saturno, si tratta, nei fatti, di un'implicita dichiarazione che egli, con le sue mani, è riuscito a costruire un telescopio migliore di quelli che produce Divini. Questo è un attacco professionale da parte di uno scienziato di fama e Divini non può tacere.

Qui entra in gioco la sua scarsa conoscenza del latino, aggiunta al fatto che egli sa di essere un tecnico e non uno scienziato. Divini si rivolge allora a un gesuita francese, Honorè Fabri, a Roma da quando è stato trasferito da Lione, dove si era messo in (cattiva) luce per aver pubblicato un libretto dimostrandosi possibilista nei confronti della teoria copernicana.

Fabri è uomo appassionato di fisica e di matematica ed è, naturalmente, anche uomo di Chiesa. Secondo la sua posizione, la

Bibbia contiene alcuni passi che vanno accolti in senso letterale e altri che vanno intesi in senso figurato e solo la Chiesa è in grado di distinguere gli uni dagli altri. L'interpretazione della Bibbia può anche cambiare con il tempo, se nuove scoperte lo richiedono, ma, fino a quando questo non avviene, un buon cristiano si deve attenere a quanto i decreti del papa stabiliscono. Una posizione non particolarmente rigida, quindi, e in linea con quanto pensano gran parte dei gesuiti dell'epoca.

Quando Divini si rivolge a Fabri per chiedergli di aiutarlo a rispondere, in latino, a Huygens dimostrando che i suoi disegni di Saturno sono accurati e che, quindi, i telescopi romani sono i migliori in Europa, Fabri accetta e scrive un trattato, *Brevis Annotatio in Systema Saturnium,* nel quale, lungi dall'affrontare qualsiasi argomento tecnico sulla qualità dei telescopi di Divini, si propone di dimostrare che le recenti scoperte astronomiche non richiedono alcuna modifica dell'interpretazione dei passi biblici sui quali si fonda l'immobilità della Terra. Per esempio – secondo Fabri – diversi problemi ancora aperti, quali quelli della natura delle comete e delle macchie solari, potrebbero trovare una spiegazione naturale se si considerano come due facce dello stesso fenomeno, in quanto sia le comete che le macchie potrebbero essere manifestazioni della stessa materia eterea che si trova al di là della Luna.

In questo quadro Fabri propone che quelle strane maniglie che si osservano attorno a Saturno siano dovute alla presenza di una serie di pianeti chiari e pianeti scuri che si muovono in formazione.

In altri termini Saturno è perfettamente sferico, come prevede la teoria del buon Tycho, oramai maggioritaria fra i gesuiti, ma è dotato di due lune simmetriche rispetto al pianeta, il quale ci appare di conseguenza come se avesse delle orecchie, più o meno in questo modo

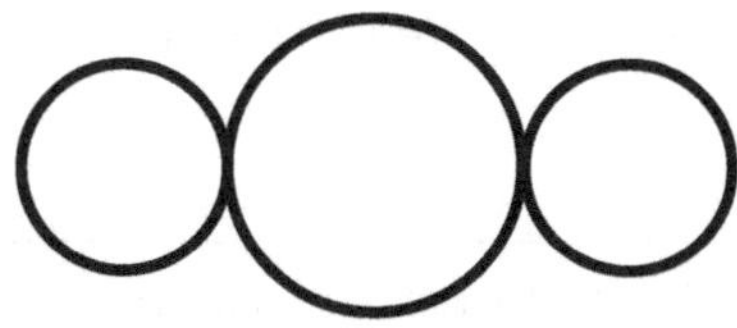

Lo spazio che sembra esserci fra Saturno e le due Lune è dovuto in realtà all'esistenza di due altre piccole lune, anche queste simmetriche rispetto al pianeta, le quali, essendo scure e non luminose come le precedenti, danno l'impressione dell'esistenza di uno spazio fra Saturno e le due lune maggiori. Quanto poi al fatto che il bordo esterno delle due "orecchie" di Saturno non sia circolare – continua Fabri – la spiegazione è ovvia: ci sono altre due piccole lune, questa volta luminose, che si trovano simmetriche e adiacenti alle due lune maggiori. Il risultato della sovrapposizione di tutte queste lune è più o meno questo

Ecco come, rimanendo nella cosmologia canonica, si spiega la forma di Saturno, altro che anello attorno al pianeta!

Chissà se Divini, da artigiano abituato ad affrontare i problemi reali, si renda conto che, aggiungendo cerchi chiari e cerchi scuri, è possibile spiegare qualunque forma si vuole e se è veramente convinto della teoria di Fabri. Certo si sente sovrastato dall'autorità del gesuita, e accetta di pubblicare il trattato a suo nome.

L'essersi reso strumento degli obbiettivi di Fabri resta il più grande errore nella carriera di Divini[20] perché, in tutte le polemiche con Huygens che, da quel momento, andranno avanti almeno per un paio d'anni, egli rimarrà sempre in una posizione ambigua, costretto a difendere la perfezione tecnica dei suoi telescopi non rinnegando, contemporaneamente, le indifendibili teorie di Fabri che, pure, dovevano essere basate su quanto osservato con i telescopi di Divini!

Divini si rende conto della difficoltà in cui si trova e tenta di spostare il dibattito su un terreno più tecnico arrivando a propor-

---

[20] M.L. Righini Bonelli e A. Van Helden, *opera citata*

re a Huyghens una scommessa, con tanto di posta di 200 scudi, per valutare la qualità dei loro telescopi.

La proposta non ha seguito e, sebbene la fama di Divini, che ormai non può rinnegare l'affermazione che non esiste alcun anello attorno a Saturno, esca indebolita da questa polemica, rimane diffusa all'epoca l'opinione che egli sia uno dei migliori costruttori di strumenti ottici in Europa.

Proprio in quegli anni, si trasferisce a Roma Giuseppe Campani, un giovane nato nel 1635 a Castel San Felice, vicino a Spoleto. La sua vicenda romana somiglia molto a quella di Divini, somiglianza che porterà inevitabilmente a un incrocio, e poi a uno scontro, delle loro vite.

Campani, arrivato assieme ai suoi fratelli, uno dei quali è orologiaio per il Papa, apprende, come Divini, l'arte di costruire orologi. Come Divini, studia ottica al Collegio Romano, anche se da semplice uditore. E, come Divini, apre un laboratorio per costruire orologi, attività che gli permetterà di cogliere un primo successo professionale.

Alessandro VII, Papa Chigi, soffre di insonnia e, come tutti gli insonni, ne attribuisce la causa a qualche disturbo molesto. Col suo segretario, il cardinale Barberini, si lamenta dell'orologio nella stanza da letto, in primo luogo perché fa un *tic-tac* molesto che lo fa svegliare e, quando si sveglia, a causa del buio non riesce neppure a leggere che ora sia. Ai fratelli Campani, Matteo e Giuseppe, viene allora richiesto di risolvere il problema: costruire un orologio silenzioso e che permetta di leggere l'ora anche di notte. I maestri orologiai, utilizzando la proiezione della luce di una candela e sfruttando la caduta di una piccola quantità di mercurio per far muovere le sfere, riescono a costruire un orologio con entrambe le caratteristiche: silenzioso e visibile al buio. Alessandro VII ne è particolarmente soddisfatto e, come Gregorio XIII aveva fatto con Lilio per il calendario, concede ai Campani l'esclusiva della costruzione degli orologi silenziosi. Siamo nel 1656 e questo è il primo passo che permetterà a Giuseppe Campani di acquisire la protezione necessaria per operare nella Roma dell'epoca. Campani si sente ora pronto a passare a una attività più impegnativa: quella di costruire lenti e di realizzare telescopi.

Non si sa quale sia il periodo preciso quando Giuseppe Campani passa alla nuova attività, perché la tiene a lungo segreta. Il motivo è che la tecnica ottica sta diventando un argomento abbastanza avanzato, per cui non ci si accontenta più di vedere qualcosa di indistinto nel cielo, ma a un buon telescopio viene oramai richiesto un campo visivo ampio e quanto più possibile privo delle distorsioni che subiscono le immagini quando la luce passa attraverso il vetro delle lenti. Questi problemi sono superabili solo utilizzando una serie di lenti, poste una dopo l'altra, e siccome molte soluzioni vengono trovate empiricamente, c'è sempre il rischio che qualcuno le possa copiare. Le precauzioni sono quindi comprensibili ma, visto che Divini resta il più famoso costruttore di telescopi del momento, Campani capisce che un *paragone* con gli strumenti di Divini è inevitabile.

In questi *paragoni* che si susseguiranno negli anni, i Campani (Matteo e Giuseppe) avranno sempre un atteggiamento spregiudicato che riesce regolarmente a mettere Divini in condizioni di obbiettivo svantaggio, fosse solo per il fatto che Divini ha venduto diversi telescopi in Italia, per cui chiunque è in grado di studiarne le tecniche di realizzazione, mentre a Divini non viene mai permesso di esaminare i telescopi degli avversari, sia perché questi telescopi ancora non sono sul mercato, sia perché, quando sono costretti a mostrarne uno in pubblico, si affannano ad affermare che quello non è un telescopio della bottega Campani, ma si tratta di un prestito ricevuto da un qualche costruttore in Olanda.

Divini, convinto come è che il telescopio sia stato fabbricato a Roma, morde il freno perché pensa di avere il diritto di fare un confronto pubblico fra le prestazioni di questo telescopio, olandese o italiano che sia, e quelle di uno dei suoi, mentre

> "questi tali sono andati raggirando dove han potuto sapere che siano occhiali miei; e si sono fatte delle prove".[21]

I Campani, però, proseguono nel loro atteggiamento e cercano di evitare il confronto, pur continuando a vantare la superiorità dello strumento in loro possesso.

---

[21] E. Divini, *Lettera all'Ill. Sig. Conte Carl'Antonio Manzini*, Roma 1663

Divini cerca di stanare i due fratelli sfidandoli con una scommessa: facciamo un confronto secondo regole precise — propone — e se i miei telescopi si dimostreranno inferiori, pagherò 200 scudi di posta mentre se sarà il telescopio "olandese" a risultare inferiore, mi accontenterò di 100 scudi. Non solo, ma impiegherò la vincita

"a favore di qualche opera pia, come saria maritar Zitelle, o pure consegnare una Campana a qualche Chiesa povera[22]".

Se si ricorda che Matteo Campani era un uomo del clero, l'ironia risulta evidente.

I Campani non possono sottrarsi completamente alla sfida e accettano di sottoporre il telescopio "olandese" a un *paragone* con i telescopi di Divini. Il confronto inizialmente non stabilisce alcuna netta supremazia, perché Divini riesce a costruire obbiettivi (cioè la prima lente del telescopio) migliori mentre i Campani sono in possesso di migliori oculari, cioè dei sistemi per gli ingrandimenti dell'immagine. Nel 1663 la competizione ha una svolta, quando i Campani eseguono delle osservazioni di Saturno con le quali vedono con chiarezza che il pianeta è dotato di un anello, facendo riaffiorare quella polemica con Huyghens che Divini aveva sperato fosse stata dimenticata.

Giuseppe Campani giudica, allora, arrivato il momento per svelare che non possiede alcun telescopio olandese e che, in effetti, è egli stesso l'artefice dei nuovi telescopi (il fratello Matteo ha essenzialmente il ruolo di tenere le relazioni pubbliche), per cui deve accettare la sfida che Divini gli ha lanciato. Come sempre, i Campani operano in maniera scaltra e organizzano il *paragone* in modo tale che, quando Divini arriva sul posto, trova il suo telescopio, che è poi quello acquistato tempo prima dal nipote del Papa, cardinale Flavio Chigi, sistemato in qualche modo su delle sedie, mentre quello dei concorrenti è montato a regola d'arte

---

[22] *Ibidem*

"... ed io fui mandato a chiamare a hore 21 senza sapere a che fare, e trovai aggiustato il suo occhiale di palmi 50 con 4 lenti nel suo cavalletto, et il mio di palmi 52 il primo da me fabbricato con la nuova invenzione di lenti duplicate et arrovesciate fermato sopra sedie d'appoggio"[23].

La prova, che si svolge il 30 aprile 1664, consiste nel fare quello che si fa anche oggi quando ci si reca a misurare la vista, cioè leggere delle frasi scritte con caratteri diversi su dei cartelli posti a distanza. Il risultato, nelle condizioni che abbiamo visto, è scontato: Divini quella sera risulta sconfitto e tutto quello che può fare è cercare di parare il colpo offrendo all'influente cardinale di sostituire gratuitamente il telescopio che non si è dimostrato all'altezza di quello del concorrente.

Campani è oramai lanciato, il suo nome diventa famoso in Europa e la polemica fra i due costruttori romani diventa ancora più accesa.

Stabilire la supremazia di uno dei due, però, è una questione complicata perché bisogna che i due telescopi siano montati nello stesso luogo e che le prove avvengano nello stesso momento e con ambedue i costruttori presenti. Ci si rende poi conto che le scritte sui cartelli non debbono essere versi di poemi noti, come si era fatto in un primo momento, perché è certo più facile leggere una frase che si conosce piuttosto che una formata da lettere accostate in maniera casuale. Anche il Santo Padre mostra curiosità e, in occasione di una di queste prove, "...benché vi fossero nell'Anticamera persone... per negozi gravi...", insiste per avere spiegazioni sul funzionamento dei telescopi.[24] Il Principe Leopoldo di Toscana chiama in causa anche l'Accademia del Cimento che si mette all'opera avvalendosi di molti illustri membri i quali, a causa della polemica fra Divini e Campani, si trovano spesso in difficoltà. Michelangelo Ricci, uomo considerato *virtuoso*, cioè di profondo sapere, il 18 Agosto 1664, descrive in modo sconsolato l'atmosfera:

---

[23] E. Divini, *Lettera (1666)*; M.L. Righini Bonelli e A. Van Helden, *opera citata*
[24] O. Falconieri, *Lettera (1664)*; M.L. Righini Bonelli e A. Van Helden, *opera citata*

"Quanto poi   al paragone de' due grandi occhialoni, non sò
che fin'ora si sia fatta comparazione reale, che se ne possa for-
mare un certo giudizio, avendo quello del Divini avuto il pre-
giudizio o dell'Aria men chiara, ò della poca distanza, sù la
quale eccezione continua il Divini, a mantenere il suo non
cedere all'altro. Et a dirla a V.A.S., questi due Artefici e Virtuosi
sono in una sì forte emulazione, che altri non può aprir la
bocca a favore dell'uno, senza che l'altro se ne offenda: quindi
è poi che ognuno si astiene dal dire il parer suo"[25].

Ancora più chiara è la lettera che Paolo Falconieri, referente
dell'Accademia del Cimento a Roma, scrive, disfatto dalla fatica, al
Segretario Lorenzo Malagotti nel novembre dello stesso anno,
per riferire di un *paragone* che si è svolto nel Palazzo di
Propaganda Fidei. Innanzitutto i due costruttori bisticciano sulla
misura della lunghezza dei telescopi

"...non è mia negligenza che di quegli (telescopi) del
Campani sia presa la misura in un mo', e di quegli del Divini in
un altro, perché l'uno e l'altro stima meglio di fare come si è
fatto e io non ho voluto per questo starmi a rompere il capo
con esso loro".

Durante le prove capita che ambedue i contendenti riescono a
leggere tutte le lettere sul cartello, ma Falconieri sospetta che
conoscano le parole in anticipo perché nessuno dei presenti, oltre
a loro, riesce a leggere correttamente quello che è scritto. In conclusione

"...non v'è vantaggio che i Campani non procurino, a segno,
che mi fanno venire l'accidia, dove Eustachio quella sera non
s'accostò mai ai lumi, né mai fiatò".[26]

---

[25] Michele Angelo Ricci, *Lettera (1664)*; M.L. Righini Bonelli e A. Van Helden,
opera citata
[26] P. Falconieri, *Lettera (1664, 6 Dicembre)*; M.L. Righini Bonelli e A. Van
Helden, *opera citata*

È in questo clima che continuano a organizzarsi misure e confronti spostandosi fra il Collegio Romano e casa Medici alla Navicella, fra S. Pietro in Montorio e Palazzo Pamphili a piazza Navona, fra Montecavallo (come veniva chiamato il Quirinale) e Palazzo di Propaganda Fidei, senza arrivare a una conclusione. Anzi cresce la temperatura dello scontro, come Falconieri riferisce in un rapporto a Magalotti del Dicembre 1664

> "…et io di presente ho disposto il sig. Card. Chigi et il signor D. Agostino (Chigi) a fare alla loro presenza questo paragone perché il rispetto delle persone impedisca una furia di Cazzotti, peraltro facilissima a succedere…"[27].

Vale la pena soffermarsi sul contenuto di questi messaggi, che ci rivelano i sentimenti, le gelosie e gli interessi di due artigiani che si fanno una spietata concorrenza. Ma ci rivelano anche come, dopo Galileo, si stia facendo strada la convinzione che i filosofi, e gli intellettuali in genere, debbono confrontare i loro modelli con l'esperimento e, nel caso dell'astronomia, con le osservazioni. Sta nascendo il metodo scientifico, certo, ma sta anche emergendo la consapevolezza che, se si vuole ottenere un'osservazione significativa, non basta un astronomo solitario che scruti il cielo con un cannocchiale, magari realizzato da lui stesso, ma dietro all'astronomo ci devono essere bravi ingegneri, esperti ottici e abili meccanici, che realizzano uno strumento all'avanguardia della conoscenza tecnica del momento. La creazione di un gruppo con competenze così vaste è un affare costoso ed è quindi necessario che chi desidera un avanzamento della conoscenza sia pronto a impiegare dei soldi nell'impresa, pur sapendo che i risultati possono essere incerti e a lunga scadenza.

Divini e Campani sono essi stessi parte di questo cambiamento, per cui le loro polemiche e i piccoli trucchi che a volte utilizzano per averla vinta sull'avversario sono anche un segno dell'emergere del clima di effervescente cambiamento che la Roma del Seicento osserva con curiosità e partecipazione.

---

27 P. Falconieri, *Lettera (1664, 20 Dicembre)*; M.L. Righini Bonelli e A. Van Helden, *opera citata*

Come finisce la storia dei due costruttori di telescopi romani? Possiamo pensare che si sarebbe probabilmente trascinata, arrivando a esaurirsi senza vinti né vincitori e lasciando ognuno dei contendenti e dei tifosi con le proprie idee, se non fosse per il fatto che il famoso Gian Domenico Cassini, Direttore dell'Osservatorio di Parigi e che utilizza i telescopi di Campani, compie importanti scoperte astronomiche, come la macchia rossa di Giove, l'esistenza di quattro satelliti di Saturno, la divisione sull'anello di Saturno e così via, che danno a Campani una notorietà tale in tutta Europa da risultare, senza dubbio, il vincitore della competizione.

È probabile che la qualità dei suoi strumenti non sia particolarmente diversa da quella di Divini, come dimostrano i numerosi *paragoni* che non portano ad alcun esito, ma la scelta di Cassini fa tutta la differenza e se Divini, invece di Padre Fabri, avesse avuto alle spalle un Cassini, probabilmente la competizione sarebbe finita in maniera diversa.

La storia si conclude con Campani che opera a Roma fino alla sua morte e con Divini che, passato qualche anno, si ritira, agiato e sereno, a San Severino, dove gli hanno dedicato una strada e hanno intitolato al suo nome l'Istituto Tecnico Statale e dove è ancora considerato uno dei figli illustri della città. Giustamente.

Le specole di Roma fra il '600 e il '700

De qua e de là dar fiume
de qua e de là dar fiume c'è 'na stella,
e tu nun pòi guardalla
e tu nun pòi guardalla tanto brilla…
    Bixio - Bonagura - De Torres, 1934

L'aspetto delle strade attorno al Collegio Romano non è molto cambiato dai tempi dei gesuiti. All'epoca la distanza fra S. Ignazio e qualunque altro posto di Roma era modesta eppure è facile perdersi fra quei vicoletti con nomi come Vicolo della Vaccarella, Via delle Paste, Via della Palombella, Piazza dei Caprettari, strade che ci raccontano quale fosse la vita, quali gli odori che si sentivano nella Roma fra il '600 e il '700, più paese che città e, contemporaneamente, accademia raffinata di scienze e arti e, a volte, teatro di inusitata durezza e di apparenti, disarmanti ingenuità.

C'è l'astrologia, per esempio. Non c'è dubbio che diversi principi appassionati di astronomia credevano ciecamente alla capacità degli astri di influenzare le vicende umane così come non c'è dubbio che i gesuiti del Collegio Romano siano stati tutt'altro che inclini ad avere simpatie per questa "vana scienza". Ciononostante essi evitavano di criticare apertamente l'astrologia, ritenendo interesse dell'astronomia tollerare questa "figlia folle", come la chiama Keplero, perché c'è il rischio che, se le persone si convincessero della inconsistenza delle sue previsioni, perderebbero interesse anche nell'astronomia. Un atteggiamento di prudente compromesso, chiaramente espresso dai Padri Giovanni Battista Riccioli e Francesco Grimaldi, i quali considerano sia proprio la figlia pazza a permettere agli astronomi di sopravvivere.[28]

---

[28] J. Heilbron: 1999, *The Sun in the Church: Cathedrals as Solar Observatories*, Cambridge Mass., Harvard Un. Press

È questo atteggiamento spregiudicato e, insieme, innocente che ispira il comportamento del clero romano e del suo Governo all'indomani del concilio di Trento.

Cosa possono pensare i romani fra cardinali, nobili, condanne, roghi, feste e beatificazioni? Roma è un insieme di contraddizioni che, forse proprio perché così numerose, in qualche modo si sostengono l'una con l'altra. Quasi nessuno, per esempio, riesce a capire quel tifo da stadio che si sviluppa intorno ai diversi costruttori di cannocchiali e il contemporaneo costante riferimento alle sacre scritture, che spiegano in anticipo il significato di quanto si vede nel cielo. Che bisogna c'è, allora, di guardare dentro al cannocchiale?

Quello che il popolo di Roma capisce di sicuro è che, come al solito, è meglio non chiedersi troppe cose e adattare alla propria vita gli interessi che i potenti coltivano ad altri livelli. Il movimento degli astri, per esempio, può essere utilizzato per il gioco del lotto e, a seconda della distanza dalla luna alla quale si trovano in un certo momento le stelle più luminose, è possibile ottenere un'indicazione per indovinare i numeri che usciranno il sabato successivo.

Cristina di Svezia: una regina senza trono

Sono pochi anche i romani che capiscono il ruolo, nella città clericale per definizione, delle donne di cultura. È proprio a Roma, per esempio, che, emancipata e ambigua come nessuna prima di lei, Cristina di Svezia con una trovata geniale decide di trasferirsi nel 1655, dopo aver rinunciato al trono. Certo, per la Chiesa è una bella vittoria sui luterani e, per di più, ottenuta senza violenze o spargimenti di sangue, ma come Cristina possa conciliare la sua scelta di vita, libera e anticonformista, con il clima asfissiante della Controriforma è un mistero anche per gli storici di professione. Alessandro VII le perdona quello che non perdonerebbe a nessun altro e, anzi, la blandisce, facendo preparare per lei un appartamento nella Torre dei Venti, nel cuore dei Palazzi Apostolici, per ospitarla nei primi giorni del suo arrivo. La Torre forse è un po' scomoda, ma, ammesso che Cristina non sia pienamente convinta di voler restare a Roma, le sarebbe sufficiente salire sulla terrazza più alta della Torre per avere un veduta della città da lasciare senza fiato anche la più insensibile delle persone.

All'interno ci sono gli affreschi del Pomarancio con quelle allegorie che hanno convinto Papa Gregorio a promulgare il Calendario. Si tratta, insomma, di un gesto che mostra quanta attenzione Alessandro VII presti alla sua ospite, tanto da accorgersi personalmente che una di queste allegorie può essere male interpretata da Cristina, perché vi è rappresentato il Vento di Tramontana sotto il quale appare la didascalia *"ab Aquilone pandetur omne malum"* cioè *"dal Vento del Nord si diffonde ogni male"* con un chiaro riferimento alle eresie riformiste. Alessandro VII, con gesto squisito, nel timore di offendere l'ospite, dà ordine di ricoprire la didascalia con della calce.

Non bella e non onesta, inganna tutti fin dalla nascita e non si cura granché dell'effetto che la sua conversione al cattolicesimo può avere sui suoi sudditi luterani, che ancora risentono degli effetti della Guerra dei trenta anni, bagno di sangue scatenato per motivi di religione. A Roma si comporta da Regina, con la convinzione di non dover dare conto a nessuno del suo operato. È così che, a quanto si dice, forse dopo una notte di baldoria o forse per pura incoscienza, trovandosi in visita a Castel S. Angelo, decide di puntare verso il Pincio uno dei tanti cannoni che si trovano sui bastioni del Castello e di sparare un colpo che raggiunge Villa Medici, lasciando il segno della palla sul portone della villa. Davanti a Villa Medici c'è oggi una fontana, nella quale l'acqua zampilla da una palla di cannone in pietra; si dice sia proprio quella del colpo sparato da Cristina di Svezia.

La presenza di Cristina a Roma non passa certo inosservata. La sua casa di Villa Corsini, alla Lungara, è un punto di ritrovo per tutti i cultori delle arti e delle scienze, sia quelle ufficiali che quelle esoteriche, e lei si organizza una vita un po' mistica e un po' mondana.

A volte le capita di esagerare, come quando, per rispettare le indicazioni di Papa Innocenzo X di mantenere una certa moderazione del lusso dei vestiti, Cristina indossa, assieme a tutte le sue ancelle, il saio penitenziale, tanto che più di uno si chiede se non abbia per caso l'intenzione di mettere in ridicolo il consiglio del Santo Padre.

Ma molte cose vengono perdonate a questa regina senza trono che parla il latino, il greco, il francese e il tedesco. È una assidua frequentatrice del Museo di Padre Kircher; partecipa con passione alla competizione fra Campani e Divini; assiste Gian Domenico Cassini nelle osservazioni della cometa del 1664 e, essendo dicembre, la regina si preoccupa della salute dell'astronomo (anche se ha la sua stessa età) e, per non fargli prendere troppo freddo, gli copre personalmente la testa con il suo scialle. Cassini la ricambia dedicandole il suo libricino *Theoria motus cometae* nel quale annota

> "Erano due hore di notte …quando Sua Maestà vidde con esquisitissimo occhiale di dieci palmi da due lenti la Cometa già ridotta ad estrema picciolezza…"

Cristina, nel suo iperattivismo sul fronte della politica e della cultura, promuove la nascita dell'Accademia dell'Arcadia che, con l'obbiettivo di combattere l'imbarbarimento del gusto e di far rinascere la poetica italiana, è destinata ad annoverare fra i suoi membri Ruggero Boscovich, gesuita docente di matematica al Collegio Romano, e uno degli astronomi più importanti del '700.

Prima di morire, nel 1689, a riprova di un carattere che riesce a mescolare serenamente l'interesse per le cose terrene e i rapporti personali col Signore, si dota di un discreto viatico per il riposo della sua anima ordinando ventimila messe, più di cinquanta anni di messe quotidiane.

Papa Innocenzo XI, da parte sua, le concede un onore senza precedenti: quello di essere sepolta solennemente a San Pietro, in una tomba dove è raffigurata con la corona in testa e lo scettro in mano. Secondo a questo è solo l'onore che le fa, nel 1934, la sua connazionale Greta Garbo, interpretando la Regina in un film ancora oggi trasmesso, ogni tanto, alla televisione.

Le Accademie

Roma nel Seicento è diventata una città bellissima. Il Sacco del 1527 l'ha lasciata inebetita e prostrata per qualche decennio, ma c'è poi stata la reazione. La Controriforma — dicono gli storici — genera nella città un'atmosfera densa di ardore religioso che si esprime con il desiderio di ricominciare una nuova vita, riconciliati con il Signore. Questo desiderio porta a un'attività urbanistica senza precedenti: dal lato religioso vengono erette numerose chiese che danno un carattere nuovo alla città; dal lato civile vengono costruiti splendidi palazzi della nobiltà, mentre i grandi architetti chiamati dai Papi danno alla città il volto che ancora oggi conosciamo.

Roma è insieme colorata e cupa, percosa com'è di continuo da cortei di ambasciatori, da visite papali e da processioni religiose, con tanto di penitenti e flagellanti. In linea con lo spirito dell'epoca, le ricorrenze del calendario sono spesso occasione per stupire e, a volte, divertire. Nelle feste di primavera dalle fontane zampilla vino invece dell'acqua e a carnevale si organizzano corride e giochi popolari, a volte anche crudeli, come quello che consiste nel prendere una carretta, riempirla di maiali vivi e poi farla correre giù da Monte Testaccio: la gente si diverte perché poi è autorizzata a dividersi quello che rimane delle povere bestie, quando la carretta si sfascia alla base del Monte dei Cocci.

Il popolo, in questo teatro all'aperto, ha la funzione di spettatore. Uno spettatore al quale a volte è permesso perfino di salire sul palco, ma che viene ammonito continuamente a non dimenticare a chi, in cielo e in terra, deve obbedienza. Per questo non c'è bisogno di sprecare troppe parole: le teste di persone giustiziate che spesso si vedono appese a Ponte S. Angelo sono più espressive di tante prediche. A un livello inferiore, ma pur sempre immediato, c'è il dovere di obbedienza ai diversi signori della città che dispongono dei loro gruppi di "bravi", dai quali è sempre meglio stare alla larga.

Questo popolo non studia né la teologia né l'astronomia. Si aggira per le strade, guarda, spia dentro le nobili dimore ed elabora storie vere e non vere, quelle storie che ancora oggi a Roma danno il nome a luoghi, case e finestre. Coltiva una devozione lontana mille miglia da quella esteriore e minacciosa delle gerarchie della Chiesa. La sua vita è costellata da eventi miracolosi, come quello di quel trasteverino che, mentre veniva trasportato via dal diavolo in persona, arrivato dalle parti di S. Paolo, vede apparire S. Antonio da Padova che lo strappa fisicamente dalle grinfie del demonio. Inventate o vere che siano, queste storie danno il senso di quanto presente sia la dimensione religiosa nella vita quotidiana, anche perché il popolo ha occasione di vivere gomito a gomito con Santi veri come Camillo de Lellis, che ha studiato al Collegio Romano e da lì è uscito con la convinzione che la sua missione sia quella di soccorrere i malati abbandonati negli ospedali. Molti romani hanno così occasione di sperimentare personalmente l'aiuto che Camillo e gli altri monaci del suo ordine sono capaci di portare negli ospedali, in un'epoca nella quale l'opera misericordiosa di "curare gli infermi" è fra le più disattese.

D'altra parte, in tempi così incerti, le opere di carità rimandano, in un modo o nell'altro, al pensiero del cielo. Quel cielo che, per motivi differenti, appassiona gli astronomi e gli studiosi di cose sacre e a volte presenta segni inquietanti. Nel febbraio 1622 appaiono — o, almeno, così si racconta — tre Soli dentro un cerchio e nell'agosto del 1629, subito dopo il tramonto, si assiste a una specie di battaglia nei cieli, con frecce, saette e scintille di fuoco[29]. Si vive poi col timore che il 12 agosto 1654 si verifichi, come diversi astrologi hanno previsto, una spaventosa eclisse totale di sole che potrebbe preludere alla fine del mondo.

Ma non c'è solo superstizione e timore ossequioso della autorità nella Roma del Seicento. C'è anzi un clima culturale tenuto vivo da diverse istituzioni, fra cui una quantità di Accademie costituenti di fatto la struttura portante della cultura dell'epoca. C'è, per esempio, l'Accademia degli Umoristi che si occupa di belle lettere e della quale fanno parte Giambattista Marino e Gian Battista Guarini; l'Accademia delle Notti Vaticane e quella di S. Luca, che si occupano di arte. E c'è l'Accademia dell'Arcadia, fondata in memoria della Regina Cristina di Svezia, della quale è rimasto vivo nella città il ricordo del suo desiderio di raccogliere "i più belli spiriti che fussero a Roma" e che riunisce prelati come il cardinale Albani, artisti come Bernini, musicisti come Scarlatti, eruditi come Bellori, proponendosi di coltivare interessi artistici, letterari, scientifici e astronomici in particolare.

Certo, alcune di queste Accademie si trasformano rapidamente in circoli chiusi, asfittici e conformisti. Ma c'è, fra le altre, anche l'Accademia dei Lincei, che si propone la promozione dell'interesse nelle scienze della natura. Queste vanno indagate — sosten-

---

[29] A. Paita: 1998, *La vita quotidiana a Roma ai tempi di Gian Lorenzo Bernini,* Fabbri ed., p. 145

gono i fondatori dell'Accademia — con la libera osservazione sperimentale, da eseguirsi con vista acutissima, come quella della lince, appunto. È importante inoltre che "i risultati della scienza vengano portati a conoscenza degli uomini" — cioè "tutti" gli uomini— "pacificamente e senza recar danno".

Chi esprime questo concetto avanzato di una scienza a disposizione di tutti è un gruppo di quattro ragazzi: Federico Cesi, patrizio romano diciottenne, Anastasio De Filiis, suo cugino, Francesco Stelluti, che, avendo 26 anni, è, assieme a De Filiis, il più anziano del gruppo, e Johannes Van Heck, olandese appena laureato all'Università di Perugia. Questi giovani il 17 agosto del 1603 fondano l'Accademia dei Lincei con l'intento di dare uno scrollone all'edificio aristotelico che pervade la cultura romana e scelgono come sede provvisoria dell'Accademia il Palazzo Cesi.

Certo il Palazzo, che si trova a Via della Maschera d'Oro, a due passi da Piazza Navona, è molto vicino, forse troppo, al Convento di S. Maria Sopra Minerva, sede della ortodossia cattolica, e non fa meraviglia che presto comincino a volteggiare attorno alla neonata Accademia i primi sospetti che al suo interno si coltivino idee che odorano di zolfo. In effetti i quattro fondatori sentono il fascino delle pratiche alchemiche, ancora ritenute validi strumenti conoscitivi e, come se non bastasse, si divertono a comunicare fra loro utilizzando linguaggi impenetrabili e codici ermetici e misteriosi.

La steganografia, cioè l'arte di scrivere e comunicare in maniera comprensibile solo agli iniziati, è una pratica al cui fascino pochi dotti riescono a sottrarsi (Kircher costruisce addirittura una macchina per preparare messaggi cifrati), ma alle persone di pasta meno fine essa appare sospetta e incomprensibile per definizione. Fatto sta che il duca, padre di Federico, non esita a denunciare Van Heck, l'anziano del gruppo, al Sant'Uffizio, obbligandolo a fuggire da Roma. A questo punto il gruppo di Lincei appena formato è costretto a sciogliersi e Federico deve ritirarsi nel Palazzo di famiglia ad Acquasparta, da dove però continua a coltivare la sua idea di Accademia e, per tenere fermo il punto, fa rappresentare nella sala della Geneaologia una Lince con l'epigrafe che riporta gli ideali dei Lincei

"...L'assidua contemplazione della universale macchina del mondo/ La mente sempre nutrita dagli scritti e dai detti dei sapienti, / pienamente appagata da ciò che possiede / e non mai spinta da bramosia verso le cose altrui, / mossa invece dalla volontà di aiutare e soccorrere…"

Firmandosi, *"Federico Cesi, Principe dei Lincei"*[30].

Quando, nel 1610, Federico ricostituisce l'Accademia dei Lincei, questa vede crescere rapidamente il numero di adesioni prestigiose, fra cui quella di Galileo Galilei. Il gruppo dei Lincei partecipa alle osservazioni che Galileo organizza con il suo *occhiale* dal Gianicolo e l'emozione di Federico Cesi quando scrive a Francesco Stelluti è palpabile:

> *"…ogni serena sera vediamo le cose nuove del cielo, officio veramente da Lincei: Giove co' suoi quattro e loro periodi, la luna montuosa, cavernosa, sinuosa, acquosa. Resta Venere cornuta e 'l triplice suo Saturno, che di mattino devi vederli…"*

Federico ha per Galileo una grande ammirazione che traspare dalle numerose lettere che gli scrive.

Nel 1624 lo invita a trascorrere un periodo di riposo nel suo palazzo di Acquasparta. Fra i due si è sviluppata negli anni una sincera amicizia ed è probabile che proprio in quei giorni Federico inviti Galileo alla prudenza, perché le polemiche con Padre Scheiner sulle macchie solari e, ancora più, quelle con Orazio Grassi sulle comete stanno crescendo di intensità. Lo invita a continuare le sue ricerche "nella cognitione delle cose", tenendo, cioè, presenti quali siano le condizioni esterne. Ma Galileo, rassicurato dalla recente elezione di Urbano VIII, suo vecchio estimatore, al soglio pontificio, e al quale ha perfino dedicato *Il Saggiatore*, non è particolarmente preoccupato. Sembra quasi aver rimosso il ricordo del pericolo trascorso nel 1616 quando, durante una riunione dell'Accademia, il matematico Luca Valerio, lo aveva accusato di sostenere le idee di Copernico e aveva deciso, di conseguenza, di dimettersi dal gruppo di Lincei.

---

[30] In http://www.lincei-celebrazioni.it/ipal_cesi_acqu.html, traduzione A. Alessandrini

La questione era seria perché, poco tempo prima, Galileo era stato ammonito personalmente da Roberto Bellarmino a non professare e a non insegnare la teoria di Copernico. I Lincei, però, avevano avuto in quell'occasione un atteggiamento assai avveduto: in primo luogo avevano respinto le dimissioni di Valerio non ammettendo che qualcuno, all'interno dell'Accademia, si fosse macchiato del delitto di aver trasgredito al monito del Cardinale Bellarmino, e avevano poi ribadito come l'atteggiamento di Galileo sulla questione fosse stato quello di valutare un'ipotesi ("pro opinione tantum"), che va studiata e, nel caso, confutata, secondo le regole del metodo scientifico introdotte da Galileo stesso.

Sono giorni sereni per Galileo, che si lascia coinvolgere da quell'atmosfera distesa e non paludata, come quando, in una gita in barca sul lago di Piediluco, per dimostrare la relatività del moto, lancia in aria le chiavi della stanza di Stelluti, sicuro che sarebbero ricadute nella barca e non nell'acqua. E, a quanto riporta Stelluti, la dimostrazione riesce.

Fra le altre cose, Galileo è tentato di riprendere in mano quella sua vecchia idea di ricavare qualche applicazione pratica della sua scoperta delle "stelle Medicee" e, magari, di farci qualche soldo.

In quest'epoca di grandi navigazioni, infatti, esiste il problema di determinare la longitudine di una nave in mare aperto, cioè la distanza della nave da un meridiano di riferimento, e il re di Spagna ha offerto una grossa cifra a chi sia capace di trovare una soluzione al quesito[31]. Galileo, allora, fa il seguente ragionamento:

"supponiamo di compilare, da una certa località, delle tavole nelle quali sono riportate le posizioni delle stelle medicee rispetto a Giove e l'ora nella quale queste configurazioni si presentano. Se un marinaio in mezzo all'oceano avesse queste tavole a disposizione, non avrebbe che da mettere l'occhio a un telescopio, osservare la configurazione delle quattro stelle attorno a Giove, guardare la sua ora locale (per esempio, misu-

---

[31] W. Shea, 2006, in *Giornale di Astronomia*, vol. 32, n. 1, p. 5

rando l'altezza del Sole), verificare sulle tavole di riferimento l'orario nella quale si è verificata quella configurazione nel luogo è stata compilata la tavola e calcolare la differenza fra i due orari. È chiaro allora che, da questa differenza si può risalire alla distanza angolare fra il luogo in cui si trova il marinaio e quello di riferimento, dove le tavole sono state compilate".

Semplice e lineare, in linea di principio. Di fatto, dal punto di vista pratico, ci sono difficoltà notevoli nella compilazione delle tavole e nella misura dei tempi, difficoltà delle quali Galileo si rende perfettamente conto, ma che, con la sua capacità inventiva, a volte pensa di poter superare e, di tanto in tanto, torna ad accarezzare il suo progetto.

A ricordo di quei giorni così sereni, poco dopo, Galileo invia a Cesi un "occhialino", utile per osservare le cose più piccole che esistono in natura e che proprio i Lincei chiamano "microscopio". Il regalo è accompagnato da una lettera, con la quale Galileo illustra le proprietà dello strumento, densa, come molte delle lettere di Galileo, di notazioni curiose e di eleganza stilistica.

"Invio a V. E. un occhialino"– scrive Galileo – "per veder da vicino le cose minime del quale spero che ella sia per prendersi gusto e trattenimento non piccolo, che così accade a me. Ho tardato a mandarlo, perché non l'ho prima ridotto a perfezione, havendo havuto difficoltà in trovare il modo di lavorare i cristalli perfettamente…Io ho contemplato moltissimi animalucci con infinita ammirazione: tra i quali la pulce è orribilissima, la zanzara e la tignuola son bellissimi; e con gran contento ho veduto come faccino le mosche et altri animalucci a camminare attaccati a' specchi et anco di sotto in su. Ma V.E. haverà campo larghissimo di osservar mille e mille particolari, de i quali la prego a darmi avviso delle cose più curiose…".

Questi giorni sereni sono fra gli ultimi dei quali può godere Galileo, perché le polemiche di Scheiner e Grassi nei suoi confronti vedono un crescendo e probabilmente altro non sono che la punta dell'iceberg del partito antigalileiano che si va affermando. Galileo e l'Accademia ricevono un colpo durissimo nel 1630, quando Federico Cesi muore, facendo così venir meno la copertura politica che fino a quel momento aveva messo il pisano al riparo dai guai peggiori. Il peso della scomparsa del *Principe Linceo* diventa palpabile quando, subito dopo la stampa del *Dialogo sopra i due massimi sistemi*, Urbano VIII intima a Galileo, quasi settantenne e assai malandato in salute, di presentarsi a Roma.

Di lì a poco, il 26 giugno 1633, Galileo è costretto all'abiura a Santa Maria sopra Minerva.

È la seconda volta, dopo la condanna di Bruno trent'anni prima, che un luogo dell'Astronomia a Roma viene illuminato dai riverberi della paura e dell'intolleranza.

L'Accademia dei Lincei non è l'unica accademia che a Roma si interessi di scienza. La Regina Cristina di Svezia, nel suo poliedrico attivismo, promuove infatti la nascita nel 1675 dell'Accademia Fisico-Matematica Romana, che registra nel proprio statuto l'interesse per una quantità di temi scientifici e, sopratutto, prevede un approccio rigorosamente sperimentale al loro studio. Fanno parte dell'Accademia Giuseppe Campani, Francesco Bianchini, Francesco Eschinardi, Giuseppe Ponteo, Gottfried Leibniz (socio corrispondente), oltre al fondatore Giovanni Ciampini, i quali pubblicano un'edizione rinnovata di *Il giornale de' letterati di Roma* per far conoscere nel resto d'Italia le proprie attività.

Non c'è dubbio che l'utilizzo del metodo sperimentale sia particolarmente avanzata per l'epoca, ma, evidentemente, i tempi non sono maturi e le precauzioni da prendere in un laboratorio non sono ancora entrate nel costume, se è vero che Giovanni Ciampini, nel 1689, muore intossicato dai vapori di mercurio durante un esperimento col quale si ripromette di realizzare un nuovo medicinale contro una delle tante epidemie che periodicamente colpiscono la città. Per una specie di presagio Ciampini si era preoccupato della sopravvivenza della sua Accademia anche dopo la sua scomparsa e aveva disposto che i suoi beni fossero destinati alla fondazione di un Collegio nel quale potessero studiare gratuitamente gli studenti bisognosi, ma i parenti, alla scomparsa di Ciampini, contestano la validità del testamento, per cui la breve esperienza dell'Accademia Fisico-Matematica termina nel 1689 anche se i suoi membri continuano le loro attività di studio e di indagine per altre vie.

Ponteo, per esempio, dopo aver ricoperto la carica di segretario dell'Accademia, organizza un osservatorio astronomico sulla terrazza di S. Maria in Vallicella, piccolo ma dotato di tutta l'attrezzatura necessaria per l'epoca: una meridiana, una sfera armillare (secondo il sistema ticonico), un sestante, un regolo di legno e un telescopio[32].

La posizione non è delle più felici, perché la grande cupola della chiesa copre un bel pezzo di cielo ostacolando a volte le osservazioni. Il problema in questi casi viene risolto semplicemente spostando l'Osservatorio, dal momento che Ponteo è autorizzato a trasferire, quando è necessario, i suoi strumenti presso il prospiciente Palazzo Orsini (oggi si chiama Palazzo Taverna) a Via di Monte Giordano.

La specola di Ponteo (e la sua succursale di Palazzo Orsini) è qualcosa di più di una semplice curiosità, magari ricordata nelle cronache cittadine dell'epoca: l'osservatorio è ben conosciuto in Europa e Newton, quando scrive i suoi *Principia Mathematica*, non esita a utilizzare le osservazioni di Ponteo pubblicate nel *Cometicae Observationes habitae ab Academia Physicomathematica Romana, Anno 1680 et 1681* per determinare l'orbita della cometa del 1680. Va detto che la determinazione dell'orbita delle comete è uno degli argomenti di punta dell'astronomia del '600 poiché, essendo ormai opinione comune fra gli scienziati che le comete provengono da distanze enormi, se si riuscisse a dimostrare che la loro orbita è calcolabile utilizzando le leggi della gravitazione, si avrebbe la dimostrazione che le leggi che governano il moto dei pianeti sono valide anche alle grandissime distanze da dove le comete provengono.

Non c'è più traccia, oggi, dei due osservatori di Giuseppe Ponteo. Vale però la pena percorrere, partendo da Piazza Navona, via del Governo Vecchio e arrivare a via di Monte Giordano e a S. Maria in Vallicella, perché si rimane all'interno di una Roma che quasi non è cambiata dai tempi delle Accademie seicentesche, una Roma capace di inglobare i rigori della Controriforma e le devozioni del popolo e che si apre, nonostante tutto, alla cultura europea.

---

[32] G. Monaco: 2000, in *L'Astronomia a Roma*, Osservatorio Astronomico di Roma, p. 105

Francesco Bianchini e la meridiana di S. Maria degli Angeli

Se qualcuno nel 1582 pensava che la Riforma del Calendario avesse oramai risolto il problema, si sbagliava. Dopo ancora un secolo, un viaggiatore che attraversa l'Europa, passando da un paese cattolico a uno protestante, si trova a dover cambiare la data in calce alle sue lettere.

Il punto fondamentale è di carattere politico. Infatti, le chiese ortodosse e i Paesi protestanti vivono ancora, dopo oltre un secolo, l'introduzione del calendario gregoriano come un atto di arroganza del papa di Roma che ha voluto imporre un'innovazione di enorme portata senza averla concordata con altre autorità civili e religiose. Questa opposizione è spesso mascherata da motivazioni di carattere tecnico per cui, di tanto in tanto, astronomi di buona volontà (e, a volte, di discreta furbizia) si chiedono:

> "Poiché la data della Pasqua e di altre feste religiose è definita nel calendario Gregoriano attraverso una soluzione di compromesso rispetto agli eventi siderali, perché non affrontare il problema di petto e legare la data della Pasqua direttamente ai due fenomeni, equinozio e plenilunio, individuati attraverso le effemeridi celesti?"

Il punto è che il vecchio Cristoforo Clavio, ai tempi della Congregazione del Calendario, aveva già affrontato il problema e aveva concluso che questa soluzione era inopportuna in quanto le osservazioni astronomiche non erano sufficientemente precise, come dimostravano le effemeridi usate nel '500 (per esempio le *Tabulae Alphonsinae* o le *Prutenicae*), non perfettamente in accordo fra di loro. C'era quindi il rischio, secondo Clavio, che l'adozione della "soluzione astronomica" per stabilire la data della Pasqua avrebbe potuto scatenare delle scelte nazionaliste, a seconda dei gusti degli astronomi di ogni paese. Una preoccupazione — mi sembra — dettata dal buon senso e che aveva fatto accantonare la questione per tutto il XVII secolo.

La questione viene però riaperta alla fine del secolo da Francesco Bianchini, un canonico veronese che ha studiato astronomia a Bologna col famoso Geminiano Montanari e che arriva a Roma nel 1689, sotto la protezione del cardinal Ottoboni.

Bianchini, avendo avuto modo di utilizzare la grande meridiana di Cassini nella chiesa di S. Petronio a Bologna, ha potuto sperimentare l'estrema precisione di quello strumento per misurare il moto del Sole ed è convinto (d'altra parte siamo agli albori del secolo dei lumi) che, se si riesce a correggere il metodo di calcolo delle festività liturgiche in modo da evitare critiche sul piano tecnico, si riuscirà a far adottare il calendario gregoriano in tutti i paesi europei, quelli luterani compresi.

Il giovane veronese ha una preparazione di carattere enciclopedico, diventa rapidamente un personaggio ben conosciuto negli ambienti intellettuali romani e viene ammesso a frequentare la casa di Monsignor Ciampini a Sant'Agnese assieme a quel gruppo di "virtuosi" romani che costituiscono l'Accademia fisico-matematica.

Uno dei problemi dei quali discutono questi uomini di scienza è proprio il miglioramento del calendario gregoriano. Non ci deve meravigliare l'attenzione che tante persone di cultura dedicano a temi dei quali, forse, ci sfugge l'importanza. Oltre al problema squisitamente politico rappresentato dall'adozione del nuovo calendario, lo scorrere del tempo è qualcosa che, nei secoli nei quali la tecnologia è solo ai suoi albori, è continuamente presente agli occhi delle persone. Il Sole che sorge e tramonta, la Luna che modifica il suo aspetto, le costellazioni che cambiano nelle varie stagioni dell'anno, sono segni non solo del tempo che scorre, ma direttamente relativi alla Creazione nel suo insieme: misurare il tempo, usarlo come fanno i monaci con le loro preghiere rigidamente scandite nell'arco del giorno e della notte è, quindi, un aspetto della conoscenza dell'Universo.

Anche per Bianchini la misurazione delle posizioni degli astri e del loro moto è una parte fondamentale dello studio dell'Universo ed è a questa che si dedica per tutta la sua vita, ignorando praticamente il dibattito sui diversi sistemi cosmologici che infervora tanti spiriti critici suoi contemporanei.

Anche Gottfried Leibniz, matematico tedesco di grande reputazione che nutre grande stima nei confronti di Francesco, è convinto che i tempi siano maturi per convincere le gerarchie ecclesiastiche che il dibattito su quale dei due corpi celesti, il Sole o la

Terra, sia fermo e quale dei due ruoti attorno all'altro sia una questione la cui importanza è sopravalutata. Leibniz, per non urtare nessuna suscettibilità, evita di fare riferimenti troppo puntuali a Galileo e si limita a considerare il problema da un punto di vista essenzialmente utilitaristico.

> "Non è importante e probabilmente non è neppure sensato" è il concetto che Leibniz sostiene "chiedersi se sia la Terra o il Sole a essere in quiete. Quello che va esaminato è quale sistema cosmologico ci permetta di studiare la questione in maniera più diretta. Se vogliamo studiare il moto delle stelle, per esempio, è molto più semplice utilizzare il sistema di Tycho, mentre se vogliamo affrontare lo studio del sistema planetario, allora conviene basarsi sul sistema di Copernico. In ultima analisi, il problema non è tanto quale sia il sistema che corrisponde alla realtà, ma quale sia il sistema più semplice da utilizzare".

Per questa via, sostiene Leibniz, è facile convincersi che Giosuè chiede al Sole di fermarsi solo perché è l'affermazione più comprensibile per chi lo ascolta e, proprio per questo, è quella corretta.

Questa posizione ha un risvolto ideologico non trascurabile. Se, infatti, emergessero in futuro delle prove inconfutabili che il sistema copernicano sia quello reale, le autorità ecclesiastiche, che hanno utilizzato sia questo sistema che quello di Tycho a seconda del problema in esame, non si troverebbero nella posizione di dover fare alcuna ritrattazione né, tanto meno, di essere costretti a continuare a sostenere delle posizioni che si sono poi dimostrate false alla luce delle osservazioni. È tanto convinto Leibniz della ragionevolezza delle sue affermazioni che chiede a Bianchini di introdurlo presso il papa Clemente XI, col quale questi è in rapporti di amicizia, e già vede la possibilità di arrivare, partendo da questo compromesso, a una riconciliazione fra cattolici e protestanti[33].

Bianchini, però, è poco portato alle grandi questioni politiche e ideologiche; egli preferisce occuparsi esclusivamente della rac-

---

[33] J. L. Heilbron, 2005, *Il Sole nella Chiesa*, Editrice Compositori, p. 252

colta di dati e non sembra interessato a compiere il passo successivo, cioè organizzare gli elementi raccolti in un quadro di riferimento unico. Fatto sta che il veronese non dà seguito alle richieste di Leibniz e continua a occuparsi dei movimenti degli astri, degli angoli di osservazione e della scoperta di nuovi cicli celesti, riuscendo a convivere pacificamente sia con i sostenitori del sistema geocentrico che con quelli del sistema eliocentrico.

Bianchini è uomo enciclopedico e di vasti interessi. Quando papa Innocenzo XII lo nomina sovrintendente alle Belle Arti, si impegna a scrivere niente di meno che una *Istoria universale (Roma, 1697)* nella quale si propone di "ben comprendere il sistema di quella vasta Città, ch'è la terra, e di quel popolo innumerabile, che l'ha frequentata per cinquantasette secoli", per formarsi "una idea chiara, intiera, e connessa dell'istoria del Mondo". Un'impresa che avrebbe potuto suscitare l'interesse del vecchio Kircher.

Nel 1700 Bianchini è cameriere d'onore di Clemente XI e, mentre trova anche il tempo di compiere le sue osservazioni del cielo dal piccolo osservatorio astronomico organizzato nella sua casa di Via dei Lucchesi, proprio alle falde del Quirinale, il canonico veronese decide di cimentarsi nell'impresa di stabilire la data della Pasqua in maniera più rigorosa e scrive l'opuscolo *Dubium seu problema solvendum: Solutio problematis Paschalis (Roma, 1703)*.

La soluzione che Bianchini propone pecca di qualche ingenuità. In essenza, oltre a proporre l'uso di nuove effemeridi (le *tavole Rudolfine*, utilizzate da Keplero e ben accette alle comunità protestanti) propone di calcolare la data della Pasqua utilizzando anche l'ora e il minuto in cui si verifica il plenilunio. Il risultato è che, se il plenilunio capita un attimo dopo l'inizio della domenica, la data della Pasqua slitta di una settimana. Se si adottasse questo criterio, però, si correrebbe il rischio (già previsto da Clavio cento anni prima) che qualche autorità, magari per scopi che non sono identificabili con il rigore astronomico, arrivi a contestare la precisione della misura e a vanificare l'obbiettivo del Concilio di Nicea di stabilire non tanto la data della Pasqua, quanto un principio per cui tutta la cristianità la festeggi lo stesso giorno.

Il risultato è che la proposta di riforma di Bianchini passa quasi inosservata, ma il Papa, sia per la stima che ha nei suoi confronti, sia per fornirsi, a scanso di equivoci, di uno strumento certo per la misura del tempo, gli commissiona la creazione di una meridiana che svolga la stessa funzione assunta, alla fine del '500, da quella di Ignazio Danti nella Torre dei Venti, cioè quella di verificare *de visu* l'accordo del calendario civile con la situazione astronomica del momento. La scelta del luogo dove costruire la meridiana cade su Santa Maria degli Angeli.

La Basilica, grazie alla sua ragguardevole altezza, si presta particolarmente a ospitare una meridiana, strumento semplice, ma che richiede grandi spazi perché consiste in un foro, lo gnomone, che, quando il Sole transita per il meridiano del luogo, proietta una sua immagine sul pavimento. Poiché, a secondo del giorno dell'anno, l'immagine si sposta lungo una linea in corrispondenza dell'altezza del Sole sull'orizzonte, è possibile verificare se, a mezzogiorno dello stesso giorno di ogni anno, l'immagine cada nello stesso punto della linea, come dovrebbe essere se il calendario fosse in perfetto accordo col moto della nostra Stella. In particolare l'immagine del Sole deve raggiungere gli estremi della linea, rispettivamente, nel solstizio d'estate e in quello d'inverno ed è chiaro che, maggiore è la distanza del foro dal pavimento, maggiore è la precisione con la quale si può effettuare la misura.

Papa Clemente resta così soddisfatto della meridiana, da tutti considerata "la più bella e versatile di tutte le meridiane", che la sua fiducia nelle capacità di Bianchini cresce a tal punto da fargli decidere di affidargli la carica di Presidente delle antichità di Roma. Il veronese esegue il suo mandato con il solito impegno e conduce gli scavi che portano alla scoperta della Domus Flavia sul Palatino: ritrova un planisfero egizio del III secolo d.C. e una notte, nell'ansia di esaminare un nuovo sito da poco rinvenuto, non si avvede di un'apertura sotto i suoi piedi (un pericolo al quale gli archeologi sono continuamente esposti) e rovina nella cavità sottostante, rendendosi claudicante per tutta la vita.

Questi incarichi pubblici permettono a Bianchini di disporre di un discreto ammontare di mezzi economici, che egli apprezza e che impiega per arricchire la sua biblioteca personale e la sua collezione di antichità, sempre evitando accuratamente di assumere incarichi politici che possano rischiare di allontanarlo dai suoi studi. Come quella volta, quando si presenta il rischio di dover assumere l'importante carica di Nunzio Pontificio in Moscovia, egli vive questa eventualità con enorme preoccupazione e, quando vede scongiurato, per così dire, il pericolo, scrive alla sorella Mattea:

> "Conosco almeno in parte la mia inabilità per non azzardarmi ad imprese così importanti; e se bene il Signore può fare miracoli, nondimeno l'ordine della provvidenza vuole che noi non tentiamo il Signore a farli, per così dire, per forza"[34].

Il fatto è che Bianchini ha già quello a cui tiene di più: il tempo di occuparsi delle attività che preferisce e la possibilità di viaggiare per conoscere gli scienziati di tutta Europa.

Nel 1712 non si lascia così sfuggire l'occasione di recarsi, su incarico del Papa, a Parigi dove incontra il suo vecchio amico Cassini e presenta all'Accademia delle Scienze una sua idea originale per la movimentazione dei lunghissimi telescopi che vengono costruiti in questa epoca.

Viaggia poi in Germania dove, per errore, finisce in prigione e quando, passata una notte in guardina e chiarito l'equivoco, cerca di confortare il capo della polizia che si profonde in scuse spiegandogli che non gli ha dato fastidio dormire sulla paglia perché "essendo un astronomo, sono abituato ad accamparmi come un soldato"[35].

In Inghilterra fa visita a Newton che, a dispetto del suo proverbiale carattere scostante, lo accoglie con molta cordialità e gli offre alcune copie dei suoi *Principia.*

La notorietà di Bianchini è a Roma così ampia che, nel 1715, alla morte di Giuseppe Campani, egli riceve dagli eredi l'autorizzazione a utilizzare tutti gli strumenti rimasti invenduti nell'officina[36]. Con tali strumenti Bianchini organizza una seconda specola personale a Palazzo Barberini (in aggiunta a quella di Via dei Lucchesi), dalla quale effettua per anni le sue osservazioni del pianeta Venere e che, nel 1728, solo un anno prima di morire, pub-

---

[34] S. Rotta, 1969, in *Dizionario biografico degli italiani*, X, Roma, Istituto dell'Enciclopedia Italiana Treccani, pp. 187-194
[35] J. L. Heilbron, 2005, *Il Sole nella Chiesa*, Editrice Compositori, p. 201
[36] G. Monaco, 2000, *Opera citata*, p. 111

blica nel volumetto *Hesperi et Phosphori nova phoenomena, sive observationes circa planetam Veneris.*

La meridiana di Santa Maria degli Angeli, inaugurata il 6 ottobre del 1702, è servita a regolare gli orologi dei romani per 150 anni, fino a quando non è stata sostituita, nel 1846, dal colpo di cannone che ancora oggi segnala il mezzogiorno. In effetti la meridiana è ancora perfettamente funzionante e, se lo si desidera, ci si può ancora regolare l'orologio, anche se ha seguito il destino di tutti gli strumenti scientifici che, prima o poi, sono destinati a diventare obsoleti. Quanto al cannone, d'altra parte, non è più quello del 1846, non solo perché se ne usa uno più moderno, ma anche perché non si trova più sulla terrazza di Castel S. Angelo essendo stato spostato, per motivi di sicurezza, sotto la terrazza del Gianicolo.

Se capita di entrare nella Basilica di Santa Maria degli Angeli attorno a mezzogiorno, si può osservare chiaramente il fascio luminoso che passa dallo gnomone posto sulla parete a un'altezza di 20,30 metri e che colpisce la striscia di ottone sul pavimento, circondata da una cornice di marmo bianco e giallo. A destra e a sinistra della linea sono rappresentati i segni zodiacali, realizzati con intarsi di marmi policromi, e alle due estremità sono raffigurate le costellazioni del Cancro e del Capricorno. Il punto dove si deve trovare l'immagine del sole alle ore 12 del giorno dell'equinozio di primavera è indicato da una piccola ellisse con una serie di stelline incastonate sul pavimento, che sottolineano l'importanza della posizione equinoziale.

Bianchini si preoccupa poi di dotare la meridiana di una possibilità speciale: poter osservare, anche di giorno, con un telescopio posizionato sopra la linea meridiana, il transito dei corpi celesti più luminosi attraverso un'apertura posta sopra lo gnomone solare in modo che

"oltre a vedere una immagine del cielo sul pavimento della casa del Signore, il fedele può vedere le stelle, che Egli ha creato, brillare di giorno in obbedienza ai Suoi comandamenti, quali luci sempiterne a definire il tempo in cui cantare le Sue lodi"[37].

---

[37] F. Bianchini, 1703, *De nummo*, p. 32

Se visitiamo la Basilica in un giorno feriale, c'è una discreta probabilità di essere soli a osservare la meridiana e a verificare la precisione con la quale il calendario riproduce il moto della Terra. La bellezza dello spettacolo, che utilizza in pieno le soluzioni artistiche immaginate da Michelangelo quando progettò di trasformare le Terme di Diocleziano in una grande basilica, è l'adeguata cornice alla misura scientifica che stiamo in quel momento effettuando.

Francesco Bianchini, malandato in salute, muore il 2 Marzo 1729 e viene sepolto a Santa Maria Maggiore anche se, a seguito delle ristrutturazioni della Basilica, la sua tomba non è più identificabile. A Roma resta però, sulle scale della canonica, una lapide che lo definisce "…uomo di speciale erudizione, di vita integra e rara semplicità d'animo…" mentre i suoi concittadini di Verona gli dedicano un monumento nella Chiesa più importante della città.

Santa Maria sopra Minerva

Quello che è interessante intorno al Collegio Romano è soprattutto il paesaggio aereo.

Camminando lungo via del Collegio Romano verso Piazza S. Ignazio, conviene alzare gli occhi per osservare la strada parallela a quella che si sta percorrendo e che è delimitata, in alto sopra le nostre teste, dai tetti dei due edifici che ci affiancano, il Collegio Romano da una parte e l'Oratorio dei Gesuiti dall'altra. L'ultima parte di questa stretta striscia che fa passare un po' di luce, ma mai il sole, è ostruita da un arco che unisce i due edifici e che i romani, storpiando il nome del Gesuita che lo fece costruire, Pietro Gravita, chiamano l'arco del Caravita.

Anche via S. Ignazio, la stretta strada che costeggia il Collegio Romano dalla parte opposta dell'arco del Caravita, è sormontata da un arco costruito a fine '800 e che, sicuramente al di là delle intenzioni di chi lo progetta, segna simbolicamente la fine della lunga stagione in cui il convento dei Gesuiti e quello dei Domenicani sono stati fisicamente divisi e durante la quale visibile è la competizione sulle tematiche teologiche e su quelle della educazione dei giovani cattolici.

L'idea del cavalcavia nasce quando, realizzata l'unità italiana con la presa di Roma, il nuovo governo nazionale decide di unificare la Biblioteca Nazionale *Vittorio Emanuele II*, che ha sede al Collegio Romano con la Biblioteca Casanatense, alloggiata nel convento attiguo a S. Maria sopra Minerva. Quando, nel 1876, il principe ereditario e futuro re Umberto I decide di far visita alle due biblioteche unificate, il direttore Narducci non si lascia sfuggire l'occasione e rappresenta al governo quale grande disagio sarebbe per il principe Umberto, e soprattutto per la principessa Margherita, scendere e salire un discreto numero di scalini per passare dal Collegio Romano a S. Maria sopra Minerva. Un disagio che Narducci conosce perfettamente, visto che a lui, in virtù del suo ufficio di direttore di ambedue le strutture, tocca diverse volte al giorno. Viene così costruito quel cavalcavia del quale, fino a quel momento, né i gesuiti né i domenicani hanno sentito il bisogno.

Anzi, quella via stretta sembra fatta apposta per separare due vicini che reciprocamente non si sono mai amati da quando i gesuiti, ultimi arrivati a metà del '500, introdussero un sistema educativo, pubblicato nella *Ratio Studiorum*, molto diverso da quello tradizionale applicato nelle scuole dei domenicani.

In linea di principio sia i gesuiti che i domenicani si rifanno al mandato del Concilio di Trento che, al fine di combattere la diffusione delle idee predicate dalla Riforma protestante, raccomanda ad ogni diocesi di curare l'apertura di un seminario nel quale vengano istruite le nuove generazioni di preti. Il Concilio chiarisce l'obbiettivo del sistema educativo: riaffermare l'autorità della Chiesa nell'interpretazione delle Scritture e il principio che solamente la gerarchia ecclesiale può stabilire quali siano i passi biblici che vanno interpretati alla lettera e quali come metafore e simboli. E, tanto per non lasciare troppi spazi all'interpretazione, viene diffusa la *Vulgata Latina* come unica forma corretta delle Scritture.

C'è in particolare il dogma della reale presenza del corpo di Cristo nell'Eucarestia, che il Concilio riafferma con decisione, perché proprio sulla possibilità che il pane e il vino possano trasformarsi in altra sostanza si basa il concetto della supremazia della fede sulla scienza.

Alle direttive del Concilio il sistema educativo dei collegi domenicani risponde con una rigida adesione alla filosofia scolastico-aristotelica, mentre quello dei gesuiti si sforza di armonizzare i dettami conciliari con le nuove scoperte che si vanno diffondendo. Gli studenti dei collegi dei gesuiti vengono così abituati a valorizzare l'importanza del contradittorio e a sviluppare la propria capacità di sintesi guidata dalla logica, sia pure illuminata dalle verità rivelate nelle Scritture.

Il nuovo metodo ha un enorme successo non solo fra i giovani cattolici ma anche fra i protestanti i quali, in tutte le maggiori città europee, sono attratti dalla didattica impartita dai gesuiti nei loro collegi e i domenicani, che pretendono di costituire l'elite intellettuale dell'epoca, mostrano una certa caduta di *savoir faire*, quando arrivano a chiedere all'Inquisizione di mettere all'Indice la *Ratio Studiorum*.

Non si tratta di banale gelosia, naturalmente, ma del fatto che, nel sistema educativo classico, le diverse discipline non vengono poste sullo stesso piano e, poiché tutta la conoscenza è, di fatto, finalizzata alla teologia, lo studio della fisica, dell'ottica, della meccanica e dell'astronomia è perlomeno marginale.

Non stupisce, allora, che i Domenicani mantengano un rapporto speciale con la Santa Inquisizione, e che, a partire dal 1628, il convento di S. Maria Sopra Minerva diventi la sede della Congregazione del Santo Uffizio. È qui che si svolgono le sinistre adunanze della Congregazione ed è questo il luogo nel quale, il commissario della Congregazione, il domenicano Maculano Firenzuola, dà lettura delle sentenze, come quella che intima a Galileo di abiurare la teoria Copernicana.

Tutti buoni motivi, questi, per i Gesuiti del Collegio di non desiderare rapporti troppo stretti con i *Domini canes*, o, almeno, di averli alla luce del Sole perché, se è vero che la prima denuncia al Sant'Uffizio contro Galileo parte da frate Lorini, un domenicano fiorentino, è anche vero che l'ultima proviene probabilmente proprio dal Collegio Romano ad opera di Orazio Grassi, che non ha dimenticato le polemiche con Galileo di una diecina di anni prima.

Formalmente i novizi del Collegio Romano sono sottoposti a una disciplina rigorosa. Tanto per cominciare, prima di essere ammessi a frequentare il Collegio, devono trascorrere un primo periodo di preparazione a S. Andrea delle Fratte durante il quale sono obbligati ad assistere alla Messa quotidianamente, a recitare le orazioni e a prendere la Comunione una volta alla settimana. Debbono poi rileggere la Regola di S. Ignazio una volta al mese e eseguire gli esercizi spirituali per cinque ore al giorno. La comunicazione con il mondo esterno avviene solo dopo specifica autorizzazione e, solo dopo il secondo anno, il novizio è autorizzato a prestare la propria opera negli ospedali per aiutare i malati.

Superato questo periodo, che è indirizzato soprattutto a creare nel giovane una seria disciplina del suo comportamento, lo studente conosce quel sistema didattico straordinariamente moderno che è descritto dettagliatamente nella *Ratio Studiorum*.

Il sistema prevede quotidianamente una pre-lezione nella quale il docente legge un testo (la raccomandazione è di leggerlo lentamente in modo da permettere agli studenti di prendere appunti) e, alla fine, lo commenta. Le precrizioni continuano raccomandando che

> "…dopo la lezione (il professore) si trattenga in aula o nella vicinanze per un quarto d'ora, per dar modo agli alunni di avvicinarlo e fargli domande; a volte interroghi lui sulle lezioni e faccia che vi sia ripetizione di esse… Si disponga, riguardo alle ripetizioni delle lezioni passate, in modo che alla fine dell'anno resti un intero mese per le ripetizioni generali…"

Il sistema poi prevede una *Disputa* nella quale due studenti sostengono due tesi contrapposte. Il docente, tuttavia,

> "…si persuada che il giorno della disputa non è meno laborioso e fruttuoso che il giorno di lezione, e che sta nelle sue mani l'utile e il fervore della disputa. Non stia in silenzio per molto e non parli continuamente, lasciando invece ai discepoli di dimostrare quel che sanno…"

Il percorso educativo, infine, prevede la *declamazione*, attività che include rappresentazioni teatrali, sia pure di carattere rigorosamente religioso. Un sistema, in conclusione, che induce negli studenti la capacità di individuare gli argomenti a sostegno della propria tesi e li abitua a esporli: quanto di più lontano dal vecchio metodo basato sull'apprendimento delle immutabili regole derivanti direttamente dalle Scritture.

La differenza fra i due metodi educativi è l'interpretazione del modo col quale la Chiesa debba indirizzare la società: da una parte c'è chi pensa che le Sacre Scritture permettano di interpretare il mondo e dall'altra si trovano quelli che vedono descritto nelle Scritture solamente "come si va in cielo e non come sia fatto il cielo".

Via S. Ignazio, che separa il gruppo variegato dei matematici del Collegio Romano da quello monolitico e rigoroso del Collegio di San Tommaso a S. Maria sopra Minerva, costituisce nel Seicento un confine quasi simbolico fra due interpretazioni dell'ideologia e dell'educazione cattolica. Un confine che nessuno sente la necessità di scavalcare e che, anzi, viene rafforzato nel 1698 quando il cardinale Girolamo Casanate, bibliotecario di Santa Romana Chiesa, dona al collegio di San Tommaso il primo nucleo di circa 25.000 volumi di quella che diventerà la magnifica biblioteca Casanatense.

La prima dotazione della Casanatense è di per sé molto ampia e riflette nei contenuti il concetto di unitarietà del sapere che impronta la cultura barocca. I Padri Domenicani stanno assistendo all'inarrestabile declino del Museo Kircheriano, fino a quel momento punto di maggiore visibilità della cultura romana, e vedono in questa donazione l'occasione per recuperare un ruolo nel panorama culturale della città. Non esitano quindi a impegnarsi per dare una degna sistemazione alla biblioteca e, in un tempo brevissimo, fanno costruire un nuovo edificio

"in quella parte del convento della Minerva che da settentrione guarda il giardino, o chiostro, e che da mezzogiorno guarda il vicolo detto di S. Ignazio"[38]

inaugurato nel 1701.

Contemporaneamente si adoperano per ottenere dal pontefice Clemente XI un "breve" col quale si intima che

---

[38] A. A. Cavarra, 2005, in *Biblioteca Casanatense*, Nardini ed., p. 7

"è scomunicato ipso facto chiunque ardisce estrarre o portar fuori qualunque libro, codice, scrittura, quinterno o foglio, sì stampato come manuscritto, e qualsivoglia altra cosa spettante alla libreria casanatense"

ed è certamente solo una coincidenza che questa minaccia di scomunica sia contemporanea a quella contro coloro che avessero osato violare il Museo Kircheriano.

A trecento anni di distanza non possiamo che constatare come il "breve" a vantaggio della Casanatense sia servito allo scopo, in quanto ancora oggi la biblioteca è un gioiello che accoglie studiosi e semplici visitatori, mentre quello a vantaggio del kircheriano non si sia rivelato un deterrente sufficiente a salvarlo dalla dispersione. Non resta che sperare (laicamente, si intende) che, poiché non risulta che la comminazione della scomunica sia stata mai abrogata, essa abbia sortito in ogni caso qualche effetto, magari fra quelli non visibili a noi umani, verso coloro che hanno contribuito a distruggere l'opera di Padre Kircher.

I Padri Domenicani, nel rispetto della donazione testamentaria del Cardinale, continuano ad arricchire la biblioteca con i volumi che riescono a reperire sul mercato o attraverso il pio lascito di qualche nobile romano, quando è costretto a distaccarsi dai beni terreni. L'obbiettivo è quello, già espresso nell'atto di donazione, di "… contribuire alla diffusione della dottrina di San Tommaso", ma, così facendo, suscitano la non benevola attenzione dei Gesuiti dirimpettai, che vedono crescere con sospetto la nuova biblioteca, avvicinandosi rapidamente per importanza alla loro Biblioteca Gregoriana, vecchia di 150 anni.

Quando però i Domenicani, nel 1717, decidono che la Casanatense non ha più spazi sufficienti ed è necessario procedere a una sopraelevazione dell'edificio e stanziano un fondo di 20.000 scudi a questo scopo, gli inquilini del Collegio Romano ritengono la misura colma e si rivolgono alla giustizia civile per il danno che i Domenicani dirimpettai rischiano di apportare al Collegio Romano, togliendogli aria e luce.

La causa, fra interruzioni dei lavori e richieste di modifica del progetto originario, si trascina per una diecina di anni. La Casanatense, alla fine, viene ampliata, ma il fossato fra i due dirimpettai è diventato ancora più profondo.

Trinità dei Monti e il Quirinale

Oltre ai conflitti, tutt'altro che rari, che si svolgono all'interno del potere politico-ecclesiale romano, a noi giungono anche gli echi della religione, ingenua e diretta, che il popolo di Roma manifesta, per esempio, con quelle immagini votive che proprio nel Seicento cominciano ad apparire sempre più numerose nei crocicchi delle strade. I romani le chiamano "le madonnelle" perché quasi sempre vi è raffigurata una Madonna, spesso con il Bambino in braccio, circondate da cornici importanti, con un lumino perpetuamente acceso e sovrastate da un baldacchino che ne rivela l'origine barocca.

Ancora oggi ce ne sono tante a Roma, anche se non è facile vederle senza cercarle di proposito, perché di solito sono poste abbastanza in alto sulle mura di un palazzo e non è la nostra un'epoca nella quale si possa camminare guardando in alto senza badare a dove si mettono i piedi. Nel Seicento però tutti sanno a memoria dove si trovano perché, con le candeline e i lumini che qualche devoto si prende cura di mantenere accesi, riescono a rendere meno buia la strada e a dare qualche sicurezza a chi passa. Certo, sono belle e così ben incastonate nei crocevia dei vicoli che non chiedono altro che di essere ammirate e supplicate. Ma da chi? Dal popolo, dalle popolane che mettono ai piedi della Madonna i loro lamenti, le ingiurie subite, le paure e le speranze.

I potenti, gli alti prelati, le dame, in falsi abiti poveri, pregano nelle grandi chiese, durante le cerimonie ufficiali, nelle cappelle private dei palazzi o non pregano affatto.

È proprio la preghiera accorata degli umili la vera forza della Chiesa. L'esercizio della confessione e il potere dell'assoluzione sono lo strumento forte di persuasione e di consenso che ha la Chiesa. È la devozione quotidiana, tra paure e promesse di salvezza, che rende la Chiesa indispensabile.

Perciò le madonnelle ricordano in ogni angolo che la Chiesa è presente, tramite fra terra e cielo, testimone della possibilità del miracolo, del quale la Vergine è la portatrice ingenua e possente. Del miracolo di Cristo in terra nessuno può e deve chiedersi nulla. Non c'è scienza che tenga. Le madonnelle chiamano a una fede pura.

Ce ne sono di miracolose, di madonnelle, e alcune diventano così popolari che è necessario trasferirle in una chiesa, al coperto,

anche per evitare che il gran numero di fedeli crei delle conge-
stioni di traffico nelle strette strade[39]. Alcune guariscono i malati,
altre versano lacrime in prossimità di eventi funesti e molte vengono circondate da brevi iscrizioni di ringraziamento per grazia
esaudita.

E mentre le donne pregano, i matematici dei collegi e delle
università scrutano il cielo scoprendo, magari in conflitto fra loro,
che bisogna riesaminare i rapporti fra scienza e fede: in ciò tanto
più liberi, quanto più sicuri della devozione del popolo, ai piedi
delle madonnelle.

Nella competizione fra Gesuiti e Domenicani, non c'è dubbio
che questi ultimi vedano nel cambiamento dei tempi la possibilità di inserirsi in un campo, quello scientifico, che li aveva visti
soccombere sia sul piano della didattica che su quello della conoscenza.

L'Ordine, che si era prefisso fin dalla sua fondazione un obbiettivo apologetico e di strenua difesa dell'ortodossia cattolica, si ritrova, quasi a metà del '700, con un impianto didattico di tipo medievale e che, per la fisica e la matematica è, nel migliore dei casi, limitato alla descrizione degli aspetti puramente fenomenologici.

L'insegnamento, basato sulla filosofia scolastica tradizionale,
continua a previlegiare gli aspetti di interesse teologico in una
città che sta cambiando profondamente.

La struttura stessa della Chiesa cattolica viene attaccata da un
sorgente spirito illuministico e da un ritorno del giansenismo che
sembrano spingere in maniera inarrestabile gli interessi delle persone dalle cose celesti a quelle terrene.

La Chiesa reagisce mettendo in atto un processo di rinnova-
mento che a Roma diventa visibile nell'arricchimento delle sue
chiese e dei suoi palazzi e che, sul piano culturale, trasforma la
città in un crocevia del dibattito che va sviluppandosi in Europa.
La biblioteca Casanatense, già punta di diamante del vecchio
sistema culturale dei Domenicani, si trasforma nella sede nella
quale essi aprono al nuovo vento di rivalutazione della cultura
scientifica che l'Ordine è determinato a non lasciarsi sfuggire.

---

[39]Roma Virtuale: *http://www.geocities.com/mp_pollett/romac13i.htm*

La Santa Sede stessa, dopo aver subito critiche provenienti da oltralpe al verticismo della sua struttura, ora sembra vivere con interesse la nuova cultura che si diffonde in Europa. Quando, nel 1734, il famoso Anders Celsius, lo scienziato al quale dobbiamo la scala delle temperature che ancora usiamo, viene a Roma per studiare la meridiana di Bianchini, il papa Clemente XII lo riceve con estrema affabilità e fa assegnare allo studioso una grande sala nella Torre dell'Orologio al Quirinale. Autorizza poi che venga realizzata una meridiana nella sala e, infine, per offrire all'astronomo la possibilità di utilizzare senza ostacoli i telescopi messi a disposizione, nel frattempo, dal cardinale Davia dispone addirittura che le finestre della sala vengano allargate. Obbiettivo di Celsius è quello di verificare l'affidabilità della meridiana di Bianchini: fa sistemare quindi un pendolo di precisione al Quirinale e si accorda con i frati di S. Maria degli Angeli perché suonino un tocco di campana esattamente nel momento in cui la meridiana di Bianchini segna il mezzogiorno. A lui non resterebbe poi che confrontare il momento del segnale con il mezzogiorno segnato dal suo pendolo e con quello osservato sulla sua meridiana al Quirinale.

L'esperimento, per quanto semplice, richiede però cura dei dettagli, perché quello che si deve misurare è una eventuale differenza di un secondo, o giù di lì. Si calcola perfino la differenza di latitudine fra il Quirinale e S. Maria degli Angeli, che distano meno di un chilometro, ma quando si effettua la misura si trova un risultato incredibile: secondo Celsius la meridiana di Bianchini segnala il mezzogiorno con un errore di circa due minuti! Questo errore è una enormità per uno strumento che deve servire a misurare il moto della Terra attorno al Sole lungo il corso dei secoli per cui l'unica spiegazione che viene in mente allo scienziato svedese, che non si sa spiegare il risultato, è che il terremoto del 2 febbraio 1703, quando i visitatori della meridiana "caddero in ginocchio e si raccomandarono a Dio", abbia spostato la meridiana.

Quello del 1703, in ogni caso, è un terremoto che ha provocato una serie di scombussolamenti in aggiunta a quelli mormalmente provocati da un terremoto. Papa Clemente XI ne rimane così impressionato da disporre che la Torre dei Venti venga utilizzata come osservatorio sismologico, nella speranza di poter avvertire l'arrivo di un sisma.

Inutile dire che i malviventi, sempre in agguato, utilizzano anche questa iniziativa del Papa per trarne vantaggio e una notte, vestiti da palafrenieri del Papa, si mettono a correre per la città urlando che sta per sopraggiungere il temuto terremoto mettendo in fuga tutta la popolazione che lascia le abitazioni incustodite e a disposizione dei furfanti[40].

La misura di Celsius resta in ogni caso un mistero perché, da allora, la meridiana ha continuato a funzionare in maniera eccellente e, ancora oggi, ogni 20 o 21 di marzo (a seconda dell'anno), gruppi di persone si recano a S. Maria degli Angeli a verificare che il Sole segni esattamente l'equinozio di primavera che, secondo le stime moderne, viene apprezzato con l'accuratezza di un secondo.

A Roma, che nel '700 è diventata crocevia di incontri tra artisti e uomini di tutta la cultura europea, nel 1757, viene ritirata la proibizione a diffondere il sistema cosmologico di Copernico. Le teorie newtoniane vengono insegnate apertamente e, anzi, vengono addirittura divulgate a livello popolare, anche se, spesso, l'editore si preoccupa di prendere le distanze dai concetti espressi dall'autore utilizzando una apposita formula che lo esonera dalla responsabilità di condividerne i contenuti.

Ci sono, per esempio, a Trinità dei Monti due padri dell'Ordine dei Minimi, François Jacquier e Thomas LeSeur, che hanno impiantato un piccolo osservatorio sul terrazzo del convento, forse utilizzando un telescopio di Eustachio Divini.

Jacquier, insegnante di fisica al Collegio Romano, e LeSeur, docente di matematica alla Sapienza, si impegnano in un'attività di diffusione della cultura astronomica ospitando visitatori nell'osservatorio di Trinità dei Monti, ma soprattutto, consapevoli delle difficoltà tecniche del trattato di Newton, pubblicano nel 1739 un commento a carattere divulgativo intitolato *Isacii Newtoni philosophiae naturalis Principia mathematica, perpetuis commentariis illustrata communi studio pp. LeSeur e Jacquier*, con lo scopo preciso di rendere accessibile a un pubblico di non-specialisti i *Principia*. Anche loro, tuttavia, inseriscono in maniera automatica la formula di salvaguardia

---

[40] F. Denza, 1891, *Cenni storici sulla Specola Vaticana*, Pubblicazioni della Specola Vaticana, p. 16

"In questo terzo libro Newton adotta l'ipotesi della Terra in movimento. Le proposizioni dell'autore non sono spiegabili in altro modo… Indi siamo costretti a parlare per conto di un'altra persona. D'altronde dichiariamo apertamente di osservare i decreti del papa contro il moto della Terra"[41].

Grazie anche a queste iniziative, l'astronomia diventa straordinariamente popolare a Roma e gli astronomi rimangono fra le persone più rispettate nella città, per cui il loro parere viene richiesto ogni volta che ci sia da prendere delle decisioni delicate sulle materie più disparate, come quando emerge nuovamente la preoccupazione sulle crepe che si sono aperte da diversi anni sulla cupola di S. Pietro e che fa girare delle chiacchiere sul rischio di un prossimo crollo. Il timore è doppio perché, oltre alla sciagura artistica, il crollo potrebbe assumere un sinistro valore simbolico, altrettanto disastroso per la Chiesa. C'è anzi chi, come l'architetto di corte di Augusto III di Polonia, Gaetano Chiaveris, non esita a suggerire di precorrere i tempi e, visto che la cupola di Michelangelo è spacciata, conviene abbatterla e farne una nuova.

Papa Benedetto XIV, Prospero Lambertini, fa del suo meglio per far cessare le voci che continuano a inseguirsi su un disastro ormai prossimo. Fa installare dei "vetrini" ai bordi delle crepe per controllare che non si verifichi un loro eventuale allargamento, fa eseguire dei controlli sistematici dall'architetto della Fabbrica di S. Pietro, Luigi Vanvitelli, e nomina nel 1740 una commissione di tre architetti, Gregorini, Ostini e Vanvitelli stessi, i quali lo rassicurano sullo stato della cupola; ma tutte queste iniziative non servono a stroncare le voci sul crollo oramai prossimo.

Papa Lambertini non si dà pace fino a quando, nel 1742, chiama a consulto tre astronomi, i due Padri dell'Osservatorio su Trinità dei Monti, François Jacquier e Thomas LeSeur, e Ruggero Boscovich, illustre professore di Matematica e famoso astronomo del Collegio Romano. I tre essenzialmente confermano la diagnosi positiva degli architetti e suggeriscono, per buona misura, di cingere la cupola con alcuni anelli di ferro, opera realizzata nel

---

[41] J. L. Heilbron, 2005, *Il Sole nella Chiesa*, Editrice Compositori, p. 268

1744 sotto la supervisione di Vanvitelli stesso e, grazie al prestigio di cui godono in città i tre astronomi, del rischio di crollo della cupola non se ne parla più.

Il credito del quale godono gli astronomi romani, che li pone in un ruolo di particolare visibilità nella città, favorisce l'attitudine alla collaborazione fra le diverse specole cittadine. Lavorare insieme è una utile abitudine nella scienza sperimentale, ma diventa un requisito indispensabile in astronomia, scienza nella quale l'esperimento da studiare non può essere riprodotto a piacimento e che richiede, di conseguenza, la migliore utilizzazione possibile del tempo a disposizione per effettuare le misure.

Il 25 luglio 1748, per esempio, è prevista a Roma una eclisse di Sole e gli astronomi romani si organizzano: Christopher Maire, conduce le osservazioni dal Collegio Inglese dei Gesuiti a Rocca di Papa dove è Rettore, Leseur e Jacquier posizionano i loro strumenti a Villa Quarantotto a Castro Pretorio e Boscovich mette insieme al Collegio Romano una folla di illustri appassionati, fra cui prelati, principi e oltre 300 gentiluomini di alto rango. È difficile immaginare quale aiuto operativo possano aver fornito questi ospiti al povero Boscovich, ma l'episodio è certo indicativo dell'interesse che riscuote l'astronomia a Roma, tanto che il *Giornale de Letterati* si offre di pubblicare i dati delle osservazioni[42].

Boscovich gode di una fama speciale perché è arrivato a Roma, quasi venti anni prima da Ragusa dove è nato, per seguire il noviziato a S. Andrea delle Fratte e per studiare astronomia al Collegio Romano. In tutti questi anni Boscovich ha avuto modo di farsi apprezzare non solo per il suo talento scientifico eccezionale, ma anche per la sua abilità in un esercizio tipico dello spirito del '700: quello di mettere in versi latini gli sviluppi delle osservazioni astronomiche. E proprio il Collegio Romano, in linea con il metodo educativo dei gesuiti, è testimone della sua declamazio-

---

[42] E. Hill: 1961, Roger Boscovich: a Biographical Essay, in R. J. Boscovich, *Studies in His Life and Work on the 250th Anniversary of His Birth*, Lancelot Law Whyte editor

ne pubblica della prima parte del poema sulle eclissi *De Solis ac Lunae Defectibus* sul quale Boscovich lavorerà per gran parte della sua vita.

Il gesuita è uno spirito poliedrico. Oltre a scrivere libri di matematica e di geometria applicata all'astronomia, si occupa di archeologia, di architettura e di geodesia. Papa Benedetto XIV, che ha una enorme stima in lui, gli commissiona nel 1750 un compito delicato e, considerati i tempi, di difficile realizzazione, cioè la misura dell'arco di meridiano fra Roma e Rimini. Si tratta di una misura molto importante e parte di una collaborazione internazionale, perché ci si va convincendo in quegli anni che la Terra non sia perfettamente sferica e l'unico modo per verificare la fondatezza di questa ipotesi è la misura diretta di diversi meridiani sulla Terra. La maggiore difficoltà che Boscovich trova in questa attività è la superstizione dei contadini poveri della Romagna, che non vedono di buon occhio queste attività misteriose che portano, fra le altre cose, al taglio di qualche albero che ostruisce la linea di vista per cui, a poco a poco, nasce la diceria che il vero obbiettivo di quelle misurazioni sia la ricerca di tesori nascosti che i "romani" sono venuti a rubare.

Si sa poi come vanno le chiacchiere, soprattutto quelle infondate. A poco a poco la diceria sui tesori nascosti cambia natura e si comincia a mormorare che gli scavi possano portare a effetti nefasti, per cui Boscovich è costretto a proseguire la sua attività in un clima di crescente ostilità. Quando, a novembre, le piogge diventano così intense che il Tevere straripa in diversi punti e, soprattutto, allaga Roma, sono in tanti a vederci una conferma dei loro timori e il gesuita è costretto ad allontanarsi rapidamente, protetto solo dal suo abito di gesuita, un abito che, ancora per poco, incute rispetto e timore.

Tornato a Roma, Boscovich, pur nel rispetto rigoroso dei suoi doveri sacerdotali, continua a coltivare la sua passione per l'astronomia e non si lascia certo sfuggire l'osservazione del passaggio di Mercurio sul disco solare del 1753. L'evento è importante perché ci si aspetta che la misura delle posizioni e dei tempi di transito, interpretate alla luce della meccanica newtoniana, permetteranno di calcolare la distanza e l'orbita del pianeta. Tutti gli astronomi che lavorano a Roma, ancora una volta, si organizzano per effettuare una serie di osservazioni coordinate, in modo da poter confrontare i rispettivi risultati. Boscovich, descrive l'organizzazione delle osservazioni: Jacquier e LeSeur portano la loro strumentazione alla "Villa dei Signori Quarantotto, vicina all'antico Castro Pretorio" mentre dal Collegio Inglese le osservazioni vengono condotte "dal P. Cristoforo Maire, celebre Astronomo della nostra Compagnia. Nel Convento della Minerva ne fece l'osservazione il P. Maestro Audiffredi dell'Ordine di S. Domenico. Io osservai nella loggia di questo Collegio Romano, una parte del quale avevo ridotta a camera oscura, a forza di panni neri, che ne chiudevano le aperture laterali"[43].

La fama di eccezionale scienziato che circonda Ruggero Boscovich diventa ogni giorno più solida e capita così che diverse città, e anche Corti europee, lo chiamino per chiedere il suo intervento in questioni delicate perché il prestigio del suo nome lo pone in un ruolo al di sopra delle parti e, quasi senza rendersene conto, il gesuita si trova a svolgere una attività diplomatica che lo porta a viaggiare per il resto dei suoi anni in tutti i Paesi d'Europa.

Quando Boscovich passa per Roma nel 1764, dopo una assenza di diversi anni, il nuovo Papa Clemente XIII, suo vecchio estimatore, non si fa sfuggire l'occasione per chiedere la sua opinione sul risanamento delle pianure pontine. Il gesuita è impegnatissimo e, d'altra parte, lo studio del controllo delle acque non è certo la sua specialità, ma l'uomo non è capace di negare il proprio aiuto a nessuno e tanto meno al Santo Padre per cui prepara un vero e proprio progetto che presenta in una relazione intitolata *Sopra l'asciugamento delle Pianure Pontine*, dopodiche corre a Pavia dove gli è stata offerta la cattedra di matematica nella storica università.

La fama di cui gode Boscovich viene, se possibile, ancora più in luce nel 1773, quando l'Ordine dei Gesuiti viene abolito per le sue "interferenze politiche" e per "ragioni note al Papa". L'ex-gesuita, che oramai ha 62 anni, resta disorientato, ma, in capo a pochi giorni, riceve inviti dalle università di mezza Europa che lo lasciano soltanto nell'imbarazzo della scelta.

---

[43] R. G. Boscovich: 1753, in *Osservazioni dell'ultimo passaggio di Mercurio*, Giornale de' Letterati, p. 49

Gli ultimi anni della sua vita lo vedono continuare la sua attività scientifica a Parigi, dove mostra la sua gratitudine al Re Luigi XVI dedicandogli uno dei suoi libri. Lascia la Francia poco prima della Rivoluzione e muore a Milano nel 1787. Di Ruggero Boscovich resta una ricchissima produzione scientifica, una statua nel Politecnico di Zagabria e, soprattutto, un cratere sulla Luna a lui dedicato.

A Roma, sua seconda Patria, resta il suo nome nella piccola via dei Parioli che a lui è stata dedicata.

L'Osservatorio Audiffredi a Santa Maria sopra Minerva

I Domenicani trovano l'occasione di inserirsi nel nascente dibattito scientifico quando, nel 1739, arriva a Roma un giovane di 25 anni, Giovanni Battista Audiffredi, il quale ha sì ricevuto la classica preparazione dei Collegi Domenicani, basata sullo studio della teologia e della esegesi biblica, ma, al tempo stesso, ha anche avuto modo di perfezionare a Genova gli studi scientifico-matematici e in particolare, sotto la guida di Amedeo Agnesi[44].

Non è che la preparazione specifica di Audiffredi venga immediatamente utilizzata al meglio, tanto è vero che per una diecina di anni gli viene richiesto di insegnare filosofia e teologia, dopo che a Genova ha anche dovuto discutere alcune tesi sulla Santissima Trinità. Il giovane Audiffredi ha modo di annotare nel suo *curriculum* che, da studente, gli era stato imposto

"di occupare il suo tempo dedicandosi a futili questioni di Filosofia Barbarica o a studiare elementi di teologia... e se un maestro lo avesse trovato con un libro di Euclide fra le mani, sarebbe stato punito...[45]"

---

44 R. Fioravanti: 1994, in *Giovanni Battista Audiffredi*, Ed. De Luca, p. 73
45 R. Fioravanti: *opera citata*

La sua pazienza viene però premiata nel 1749, quando viene nominato Secondo Bibliotecario Casanatense e riesce anche ad ottenere il permesso di installare un piccolo osservatorio astronomico sopra la loggia del Noviziato di S. Maria sopra Minerva. Il primo strumento del quale Audiffredi dota il suo osservatorio, nel 1751, è una meridiana che realizza personalmente, seguendo le prescrizioni di Bianchini. D'altra parte Audiffredi sa di dovere a quest'ultimo molto più delle istruzioni per realizzare una meridiana: Francesco Bianchini, grazie ai rapporti personali che ha intrattenuto con gli scienziati di mezza Europa, ha contribuito a far penetrare anche a Roma il dibattito anticartesiano e antimetafisico che si va svolgendo negli altri Paesi del continente.

L'Osservatorio a S. Maria sopra Minerva viene poi attrezzato, oltre che con micrometri e orologi, con alcuni telescopi fra cui uno, lungo più di 4 metri, fabbricato da Eustachio Divini.

Nonostante la sua funzione di bibliotecario lo impegni seriamente, Audiffredi non rinuncia a dedicarsi alla *"nobilissima"* astronomia, come egli stesso la definisce, e a effettuare osservazioni sistematiche del cielo dalla sua specola. Sebbene il Domenicano sia un vero appassionato dello studio del cielo, il suo approccio all'astronomia è rigoroso. Audiffredi, cioè, non indulge alla contemplazione del cielo, ma svolge piuttosto una vera attività scientifica, fatta di misura dei fenomeni osservati, della loro descrizione e registrazione e, infine, del confronto con le misure di altri studiosi. Le sue osservazioni sul transito di Mercurio del maggio 1753, effettuate in parallelo a quelle di Boscovic, di Maire, di Jacquier e Le Seur, vengono pubblicate in quello stesso anno sul *Giornale de' letterati*, mentre quelle relative al secondo transito del Novembre compaiono in un opuscolo del 1756 intitolato *Novissimus Mercurii transitus sub Sole observatus Romae a p. J. B. Audiffredi…*.

Audiffredi è un astronomo instancabile. Se non si è provato, è difficile capire quanto sia faticoso effettuare un'osservazione in quest'epoca pre-tecnologica: c'è da considerare in primo luogo il freddo, perché le osservazioni vanno fatte di notte e, soprattutto d'inverno, quando le notti sono più lunghe. C'è poi da tener presente che il cielo si muove mentre lo si osserva. Si tratta naturalmente del moto riflesso della Terra, ma la questione non cambia: tenere l'occhio fisso dietro un telescopio lungo alcuni metri e, contemporaneamente, dover seguire il suo spostamento, richiede che l'astronomo sia dotato di una discreta abilità fisica per passare da una posizione rannicchiata, quando il telescopio punta in alto nel cielo, a una in cui l'astronomo è costretto a salire su uno sgabello e mettersi in punta di piedi, quando il telescopio, che segue la stella che va tramontando, punta sempre più in basso. A tutti questi disagi ci si può adattare abbastanza facilmente se si vuole solo "guardare" il cielo, ma, se si intende effettuare una "misura" di esso, la questione è completamente diversa. È necessario, infatti, che, per annotare i dati, l'occhio passi continuamente dal telescopio a un foglio sul quale si effettuano degli schizzi di quello che si osserva: pensiamo ai disegni di Divini, alle polemiche sulla forma di Saturno, fino alle meticolose e raffinate riproduzioni della superficie lunare di Galileo nel *Sidereus Nuncius*. Poiché le osservazioni vengono svolte al buio, l'occhio dell'astronomo si deve adattare a scrivere utilizzando solo la luce notturna del cielo e a cambiare il proprio fuoco, passando da un fuoco all'infinito, quando si è al telescopio, a un fuoco di qualche diecina di centimetri, quando si scrivono gli appunti. Le dita intirizzite dal freddo, poi, non facilitano le operazioni.

In questo duro lavoro — dicevamo — Audiffredi è instancabile: misura i tempi di occultamento delle stelle da parte dei pianeti che si frappongono sulla linea di vista, valuta la durata delle eclissi dei satelliti di Giove quando passano davanti o dietro al pianeta e pubblica i risultati delle sue osservazioni in un opuscolo intitolato *Phaenomena caelestia observata Romae* del 1754. Non è uno scienziato, Audiffredi. In lui c'è l'animo del catalogatore, gli sembra indispensabile mettere in ordine tutti i pezzi dell'Universo perché la sua armonia può probabilmente essere compresa solo una volta che si è svelato il disegno dell'Artefice. Il suo rapporto con il Creato non è molto diverso da quello che ha con la sua Biblioteca e, sia per l'Uno che per l'altra, si impegna a realizzare un catalogo di tutto il contenuto.

Il 6 giugno 1761 è una data importante per l'astronomia; è previsto, infatti, il verificarsi di un fenomeno abbastanza raro: il transito di Venere davanti al Sole. L'evento è importante scientificamente perché permette di misurare la distanza della Terra dal Sole e, da questa, risalire alle dimensioni del sistema solare e, soprattutto, mettere un punto fermo all'enigma rappresentato dalle dimensioni dell'Universo. Una volta, infatti, che è diventato lecito discutere del sistema copernicano, il mistero si è spostato a capire come mai gran parte delle stelle appaia fissa in cielo e l'unica risposta possibile sembra essere che la distanza delle stelle deve essere grandissima per cui il moto riflesso della Terra risulti impercettibile.

Mentre nel nord Europa si organizzano spedizioni nei luoghi più remoti per poter studiare il fenomeno nelle condizioni migliori, a Roma, dove è ragionevole aspettarsi un cielo sereno, si organizzano postazioni specifiche di osservazione. Al Seminario Romano, a due passi dalla Minerva e dal Collegio Romano, il principe Saluzzo allestisce un osservatorio corredato da un telescopio Gregoriano, un telescopio, cioè, che usa alcuni specchi per riflettere la luce e renderlo più maneggevole, e pubblica le sue osservazioni in una piccola opera intitolata *Passaggio di Venere sotto il Sole osservato e calcolato in Seminario Romano da Agostino Saluzzo, principe di S. Mauro, dei Duchi di Corigliano, Roma 1761*.

Da parte sua, il padre Audiffredi, nominato dal 1759 prefetto della Casanatense, disponendo quindi di una certa libertà nello svolgimento del suo incarico, organizza meticolosamente la strumentazione del suo Osservatorio e posiziona un micrometro sull'obbiettivo del suo telescopio, in modo da poter misurare il percorso di Venere sul disco solare e la durata dell'occultazione. Al contrario di altri astronomi, Audiffredi è fortunato e assiste al fenomeno in condizioni di perfetta visibilità per cui riesce a ottenere 33 osservazioni che lo soddisfano pienamente nell'arco delle 4 ore del passaggio. Secondo la prassi a lui congeniale, registra dati: la distanza minima del centro del pianeta dal centro del Sole, il tempo di durata del transito, il momento del contatto e così via. Discute le sue misure con i Gesuiti del Collegio Romano (anche questo, è segno del cambiamento dei tempi) e con i Padri Jacquier e LeSeur al Collegio di Trinità dei Monti e, infine, pubblica le misure ottenute dal suo Osservatorio di S. Maria sopra Minerva[46].

---

[46] G. B. Audiffredi: 1762, *Transitus Veneris ante Solem observati Romae apud PP. S. Mariae super Minervam*, Romae

Tutto si aspetterebbe, il padre prefetto della Casanatense, eccetto che, da lì a un anno, un abate francese che per osservare il transito di Venere aveva diretto una spedizione nell'isola Rodrigues nell'Oceano Indiano, Alexandre-Gui Pingrè, pubblichi una memoria nella quale si liquidano le osservazioni del Convento di S. Maria sopra Minerva come "trascurabili", in quanto è impreciso il valore della longitudine del luogo di osservazione[47].

Il padre Audiffredi è uomo paziente, ma quella di essere un osservatore approssimativo è per lui la peggiore delle offese, per cui nel 1765 pubblica una nota, *Investigatio parallaxis solaris*, nella quale dimostra che, non solo i calcoli che lo hanno portato alla determinazione della latitudine del suo osservatorio sono corretti, ma che sono proprio le osservazioni di Pingrè a mostrare diverse incongruenze. Audiffredi è tanto risentito con Pingrè che preferisce firmare la nota non con il suo cognome, ma con quello di Dadeius Ruffus che, al genitivo, ne è l'anagramma. La questione si trascina a lungo e intervengono illustri scienziati, come il segretario dell'Accademia Reale delle Scienze, Philippe Grandjean de Fouchy, e Joseph-Jerome de Lalande, famoso per i suoi studi per stabilire la forma della Terra. Audiffredi si risolve quindi a scrivere nel 1766 una ulteriore memoria, *De Solis parallaxi commentarius*, dedicata proprio a Fouchy, per dimostrare definitivamente la correttezza delle sue misure. La questione si conclude nel 1764, quando Lalande pubblica a Parigi un sommario di tutta la vicenda rendendo pieno riconoscimento alle osservazioni di padre Audiffredi[48].

Esaurita la polemica susseguente al passaggio di Venere che, tutto sommato, ha la conseguenza positiva di rendere nota in Europa l'attività dell'Osservatorio della Minerva, Audiffredi continua il suo lavoro di meticoloso osservatore. Dopo che Halley è riuscito a prevedere la ricomparsa della cometa nel 1758 che da

---

[47] A. G. Pingrè: 1763, *Observations astronomiques pour la déterminationde la parallaxe du Soleil faites en l'Isle Rodrigues*, Mémoires de Mathématique et de Physique de l'Académie Royale des Sciences, N. 49

[48] R. Fioravanti: *Opera Citata*

lui prende il nome, lo studio del moto delle comete, alla luce della teoria di gravitazione di Newton, ha avuto una ripresa in tutta Europa. E così, quando nel 1769 è annunciato l'avvicinamento di una cometa, gli astronomi si organizzano con i loro strumenti per calcolarne l'orbita e verificare l'accuratezza con la quale le leggi di Newton riescono a descrivere il moto dei corpi celesti.

Audiffredi, con la sua attività di osservatore scrupoloso, partecipa allo sforzo comune, esaminando poi le sue osservazioni alla luce di quelle di altri astronomi e quindi pubblicandole. Il risultato però non lo soddisfa. Trova infatti che la cometa non ha seguito il percorso parabolico previsto dalla teoria, e, da osservatore rigoroso qual è, nella sua *Dimostrazione della teoria della Cometa dell'anno MDCCLXIX annunziata nel Diario Ordinario di Roma*, piuttosto che imbarcarsi in un riesame del percorso previsto teoricamente, preferisce attribuire la non corrispondenza con l'orbita osservata agli errori di misura della posizione che, nel caso delle comete, tendono inevitabilmente a essere particolarmente elevati.

Anche nel caso della cometa, come in quella del passaggio di Venere, Pingrè non perde l'occasione di definire irrilevanti le misure di Audiffredi e le esclude dalla sua *Cometografia*, una delle tante raccolte di dati sulle comete realizzate nel '700. Questa volta però la reputazione di Audiffredi come astronomo è talmente solida che può permettersi di ignorare l'attacco, anche perché viene chiamato a realizzare l'Osservatorio del Principe Francesco Caetani a Via delle Botteghe Oscure.

L'Osservatorio di Giuseppe Calandrelli

Le persone più accorte sono da tempo consapevoli che, a poco a poco, Roma sta scivolando in ruolo di marginalità in Europa e fra queste c'è Boscovich, il quale già dal 1744 ha proposto a Papa Benedetto XIV di realizzare a Roma un grande Osservatorio Astronomico all'altezza dei tempi che possa competere con quelli oramai operanti in tante grandi città europee. Papa Benedetto, sensibile come sempre alle iniziative indirizzate a promuovere gli studi scientifici, rimane affascinato dalla proposta dei Gesuiti del

La Torre Calandrelli al Collegio Romano attorno al 1932

Collegio Romano e si lascia perfino andare a una mezza promessa, ma, messo di fronte a un progetto reale con tanto di spese di investimento e di manutenzione, è costretto a fare i conti con la dura realtà dello stato delle casse vaticane e decide che l'osservatorio deve attendere tempi migliori.

Ci sono, è vero, delle iniziative come quella del Cardinal Zelada per cercare di rinverdire le tradizioni della vecchia Torre dei Venti provando a trasformarla nella prima "Specola Vaticana". Ma il Cardinale non tiene conto del cambiamento dei tempi e del fatto che un osservatorio astronomico moderno richiede ben altro che una lapide come quella che fa apporre sulla porta della biblioteca alla base della Torre. Queste iniziative, anzi, sollevano l'aperto scetticismo di un astronomo esperto, come Boscovich, che non esita a prevedere come "(la Specola) potrà servire per un divertimento di S. E. Rma, ma, dopo la sua morte, sarà ridotta ad una camera per darvi qualche merenda…".

Siamo nel 1774 e i tempi non sono certo i più adatti a pensare a un Osservatorio Astronomico, anche perché oramai non ci sono più i Gesuiti. Infatti, è ancora presente nella memoria di tanti romani quella sera del 16 agosto 1773 quando i soldati circondarono il Collegio Romano e il cardinal Sersale, entrando nell'edificio, protetto da uno stuolo di armati, lesse il breve di Papa Clemente XIV, *Dominus ac Redemptor Noster,* con il quale si dichiarava sciolta la Compagnia del Gesù e affidare, di conseguenza, il Collegio al clero secolare.

In ogni caso, sebbene oramai privato di gran parte dei vecchi docenti, il Collegio Romano rimane un punto di riferimento per la cultura cittadina, per cui il Cardinale Zelada cerca una personalità di spicco per affidargli la Direzione. La scelta cade sul docente di matematica, quel Padre Jacquier che, assieme al confratello Le Seur, si è distinto in diverse osservazioni astronomiche, collaborando con i più importanti astronomi romani, come Boscovich e Audiffredi. Jacquier chiama come suo assistente un giovane canonico di Zagarolo, Giuseppe Calandrelli, che, sotto la sua guida, si appassiona allo studio delle cose celesti, vedendo in ciò il modo migliore per avvicinare la sua anima a Dio.

Calandrelli, prima di rivolgersi all'astronomia, ha studiato giurisprudenza, disciplina che lo ha educato alla concretezza, per cui, quando si rende conto che i tempi non sono maturi per realizzare il grande Osservatorio cittadino progettato da Boscovich, convince il Cardinale Zelada ad abbandonare la sua idea di creare un Osservatorio nella Torre dei Venti perché "…la grande cupola (di S. Pietro) avrebbe impedito le osservazioni coprendo gran parte del cielo a Sud"[49] e insiste affinché autorizzi la costruzione di una Torre nella quale installare gli strumenti necessari a creare l'Osservatorio astronomico. La Torre è quella che ancora oggi si

---

[49] G. Calandrelli, 1820, *Giornale Arcadico di scienze, lettere ed arti, II,* p. 420

chiama Torre Calandrelli e che, da Piazza del Collegio Romano, si osserva sulla destra del Collegio stesso. Così nel 1787 il canonico Calandrelli riesce a ottenere al Collegio Romano quell'Osservatorio astronomico che tanti gesuiti prima di lui non erano riusciti a realizzare.

L'osservatorio è dotato di quei pochi mezzi di proprietà personale di Zelada che lui stesso ha fatto trasferire dalla Torre dei Venti, ma Calandrelli, che ne è stato nominato Direttore, non si scoraggia e si ingegna a fare le misure indispensabili per l'inizio della attività di un osservatorio astronomico. In particolare, Calandrelli inizia a determinarne la latitudine misurando, ad un'ora prefissata, l'altezza sull'orizzonte di un certo numero di stelle di riferimento (di stelle, cioè, delle quali è stata già misurata l'altezza sull'orizzonte da un altro osservatorio). Ma certo non sono queste le attività alle quali aspira un astronomo.

Dopo diversi anni di vita stentata, l'Osservatorio ha però il suo momento di fortuna quando, l'11 febbraio 1804, è annunciata un'eclisse solare.

Proprio in quel periodo si trova in visita a Roma il Re di Sardegna, Vittorio Emanuele I, che esprime il desiderio di poter osservare l'eclisse proprio dall'Osservatorio Calandrelli. Papa Pio VII, personalmente curioso delle cose di scienza, decide di partecipare anche lui alla osservazione dell'evento astronomico, per cui Calandrelli si ritrova nella sua piccola specola uno stuolo di personalità che lui, prete di Zagarolo, probabilmente mai aveva sognato di poter incontrare nella sua vita

"…avevano preceduto l'arrivo del Santo Padre il Re Carlo Emanuele IV, il suo fratello Re di Sardegna Vittorio Emanuele I, la Regina Maria Teresa sua Consorte e la Real principessa Maria Beatrice loro figlia. Presente si trovò anche l'E.mo Porporato Borgia, e insieme con lui gli E.mi Vincenti, Somaglia, Fesch, e molti Grandi delle due Reali Corti… si degnò la Santità di N. S. Papa Pio VII trasferirsi alla specola del Collegio Romano innanzi il principiare dell'Eclisse…"[50].

---

[50] G. Calandrelli, 1804, *Eclisse del dì XI febbrajo MDCCCIV*, Roma

La giornata, cominciata con minacce di cielo nuvoloso, si conclude tuttavia con un bel sereno che permette l'osservazione dell'eclisse e, soprattutto, con il Papa che, colpito dall'impegno di Calandrelli a soddisfare la curiosità dei suoi ospiti con i modestissimi mezzi a sua disposizione, promette di provvedere quanto prima ad arricchire la dotazione scientifica dell'Osservatorio.

Pio VII è di parola, e da lì a un anno, fa arrivare al Collegio Romano un telescopio di costruzione francese e un pendolo acquistato in occasione del suo viaggio a Parigi per l'incoronazione di Napoleone. È appena il caso di sottolineare, che la stagione dei costruttori romani di telescopi è definitivamente tramontata e per acquistare uno strumento ottico, sia pure modesto, è oramai necessario recarsi all'estero.

Con questi strumenti Calandrelli, in collaborazione con altri due astronomi, Andrea Conti e Giacomo Reichenbach, conduce per diversi anni ricerche pregevoli sul Sole, sui pianeti e sulle comete, che rimangono registrate negli 8 volumi degli *Opuscoli Astronomici*, fin quando, nel 1824, il nuovo Pontefice, Leone XII, decide di restituire il Collegio Romano ai Gesuiti, oramai riabilitati. Il vecchio canonico si ritira così nel convento di Sant'Apollinare, dove muore la notte di Natale del 1827 e dove ancora riposa, come ci ricorda una lapide all'ingresso della Chiesa.

L'Osservatorio Caetani

La cometa del 1769, sia pur deludente per Audiffredi, che non ottiene dalle osservazioni i dati sperati, è tuttavia spettacolare, poiché rimane visibile in cielo per diversi mesi. Fra le persone che rimangono affascinate dal fenomeno celeste c'è il duca Francesco Caetani, un giovane trentenne, colto, frequentatore delle accademie romane e con una vera passione per l'astronomia. Francesco Caetani, non ha alcuna intenzione di passare il proprio tempo occupandosi della gestione del ducato di Sermoneta e delle altre proprietà che ha ereditato a Roma, e confida, prima a se stesso e poi al fratello Onorato, il sogno della sua vita: realizzare lui stesso il grande Osservatorio cittadino che a Papa Benedetto XIV non riesce di costruire.

Senza porre tempo in mezzo, Francesco Caetani acquista in primo luogo il grande palazzo di Via delle Botteghe Oscure che, dal punto di vista astronomico, presenta il vantaggio di essere più alto dei palazzi circostanti ed é, poi, già dotato di una loggia che si erge sulla sua sommità, "superiore a tutti li tetti, e a livello dei Giardini di Villa Medici"[51]. Convince, poi, tutta la famiglia a trasferirsi nel palazzo (da questo momento Palazzo Caetani) dove il fratello Onorato, un erudito versato per le materie umanistiche, potrà alloggiare la sua vasta biblioteca. Nel 1777 Francesco è pronto a offrire a Audiffredi l'incarico di allestire l'Osservatorio astronomico che ha in mente oramai da diversi anni.

Audiffredi si mette immediatamente al lavoro e, "non ignorando che il principale fondamento di tutta l'Astronomia pratica si è una accurata meridiana", ne realizza una con tale cura che "difficilmente si troverà a Roma altra meridiana più giusta di questa"[52]. Da quell'accurato osservatore che è e memore delle vecchie polemiche con Pingrè, passa poi a definire le coordinate precise del nuovo osservatorio, senza le quali non è possibile confrontare le osservazioni con quelle condotte da altre specole.

Il Duca Francesco, intanto, si preoccupa di arricchire l'Osservatorio con una strumentazione astronomica di tutto rispetto. Dalla fabbrica inglese Dollond acquista diversi telescopi acromatici, che utilizzano un obbiettivo composto da una coppia di lenti risultando estremamente superiori a quelli di derivazione seicentesca che si trovano nelle diverse specole romane. Acquista poi alcuni telescopi di Jesse Ramsden, il più famoso costruttore di telescopi dell'epoca in Inghilterra.

Il vantaggio principale di questi telescopi è che sono più compatti e non richiedono più quelle lunghezze smisurate che rendono l'uso dello strumento estremamente problematico. Il Duca, non solo non fa mancare nulla al suo Osservatorio (acquista pendoli di precisione, micrometri per la misurazione delle posizioni degli astri e altri telescopi di tipo galileiano), ma è anche il primo che, appena arriva un nuovo strumento, si precipita a puntarlo su qualche oggetto celeste per vedere se riesce a scoprire qualcosa di nuovo non ancora osservato fino a quel momento.

---

[51] F. M. Renazzi, 1803, *Storia dell'Università di Roma detta comunemente La Sapienza*, vol IV, p. 300

[52] G. B. Audiffredi, 1778, *Antologia Romana*, vol. V, p. 2

Sarà per queste spese, che oramai cominciano a preoccupare tutta la famiglia, sarà per il totale disinteresse di Francesco nella gestione delle sue proprietà, sta di fatto che anche una persona di cultura come il fratello Onorato, il quale pure non lesina quattrini per acquistare libri e manoscritti di pregio, si preoccupa del patrimonio familiare e, dopo qualche tempo, arriva a rivendicare una parte del patrimonio del Duca Francesco[53]. Questi, però, è troppo preso dalla sua impresa per darsene pensiero più di tanto e si concentra sull'eclisse di Sole prevista per il 24 Giugno del 1778, l'occasione perfetta per effettuare l'inaugurazione ufficiale dall'Osservatorio Castani. All'evento partecipano il Duca stesso, che utilizza un "ottimo telescopio gregoriano, lungo due piedi e due linee di Parigi" (cioè poco più di 60 centimetri), l'abate Luigi De Cesaris, allievo di Audiffredi e suo giovane assistente alla Casanatense, con un "superbo cannocchiale acromatico lungo piedi dieci e pollici quattro" (cioè circa 3 metri e mezzo), e, naturalmente, Padre Audiffredi "che si contentò di usare un cannocchiale comune lungo solo piedi quattro e mezzo"[54].

Francesco Caetani ha una visione moderna dell'organizzazione scientifica e, esattamente come fa un Istituto scientifico dei nostri giorni che favorisce scambi di personale con gli istituti all'estero, il Duca invia Luigi De Cesaris a studiare a Pisa, sotto la guida del celebre Giuseppe Slop, e contemporaneamente invita nel suo Osservatorio tutti gli astronomi di passaggio a Roma.

I risultati non si fanno attendere, perché De Cesaris, al suo ritorno nel 1780, è in grado di sostituire Audiffredi alla direzione dell'Osservatorio e di dare un impulso alle attività della Specola. De Cesaris è un giovane di non più di trenta anni e il suo attivismo è in perfetta sintonia con l'entusiasmo del Duca Francesco, per cui l'Osservatorio diventa un punto di divulgazione dell'astronomia *ante litteram*. Accoglie appassionati e curiosi per osservare l'eclisse di Sole del 1781 e quella lunare del 1783, calcola i tempi del passaggio di Mercurio davanti al Sole del 1782 e, visto che i fenomeni astronomici visibili sono dopotutto abbastanza rari, De

---

[53] L. Fiorani, 1969, *Onorato Caetani. Un erudito romano del Settecento.*, Ist. Nazionale di Studi Romani ed.
[54] G. Monaco, 1983, *La Specola Caetani,* in *Studi Romani,* vol. XXXI, p. 16

Cesaris ha il tempo di occuparsi della pubblicazione delle *Effemeridi Romane calcolate ad uso della Specola Caetani* e, soprattutto, di dedicarsi alla realizzazione dei palloni aerostatici che i fratelli Montgolfier nel 1783 hanno dimostrato possibile.

Il Duca Caetani e il giovane De Cesaris, con un misto di curiosità scientifica e genuino entusiasmo, si avvicinano all'attività del volo dei palloni areostatici affascinati dall'incredibile prospettiva che sembra aprirsi per il genere umano di sollevarsi nell'aria, ed effettuano il primo esperimento alla presenza di un pubblico selezionato, costituito da nobili e prelati. Poi, fedeli al ruolo che si sono assegnati di diffusori della cultura scientifica, allargano il pubblico dapprima "al volgo de' letterati" e poi a una grande quantità di persone che, assiepata di fronte a Palazzo Caetani, assiste con incredulità allo spettacolo del "lampione" che si innalza dopo aver strappato gli ancoraggi che lo legano a terra, confondersi con le stelle, per poi scomparire definitivamente.

De Cesaris, in quella notte del 21 dicembre 1783, è entusiasta e ha solo il rammarico che "la folla delle persone non permise che si facessero delle osservazioni fisiche, che io mi era prefisso per misurare la velocità dell'innalzamento"[55].

L'attività sui palloni aerostatici viene interrotta bruscamente perché Luigi De Cesaris muore prematuramente nei primi mesi del 1784 e Francesco Caetani non è in grado di continuarla da solo. Il nuovo direttore scelto per la sua specola è un gesuita portoghese, Eusebio Veiga, direttore dell'Osservatorio del Collegio dei Gesuiti di Lisbona, ma che dopo lo scioglimento dell'Ordine, si è ritirato a Roma, a S. Antonio dei Portoghesi, a due passi da Piazza Navona.

Il carattere di Veiga è austero, lontanissimo da quello di De Cesaris, e concentra la sua attività nella pubblicazione di effemeridi della Luna, del Sole, dei pianeti e dei loro satelliti, e Caetani non si accontenta che il suo osservatorio svolga soltanto lavoro di routine. Si rivolge così a un carmelitano, Atanagio Cavalli, che, dopo il passaggio del Collegio Romano al clero secolare, è titolare della cattedra di Fisica sperimentale nel Collegio.

---

[55] G. Monaco, 1983, *opera citata, p. 19*

Cavalli è un esperto meteorologo e si è costruito un piccolo osservatorio nella sua abitazione a via del Monte Caprino, ai piedi del Campidoglio, ed è proprio questa la nuova attività che Francesco Caetani annuncia di voler sviluppare:

"Roma ancora metterà d'ora innanzi la sua quota per l'avanzamento di questo importante ramo di Fisica esperimentale, dappoichè il signor Abate Cavalli ci promette di voler intraprendere un corso di osservazioni barometriche e termometriche..."[56].

Evidentemente l'iniziativa di Caetani di aprire un nuovo filone di studi all'interno del suo Osservatorio è mal vista negli ambienti scientifici romani perché, appena Cavalli pubblica nel 1785 il primo numero della sua nuova rivista, *Lettere meteorologiche,* si scatena un putiferio. Il primo a uscire allo scoperto è François Jacquier, il quale, pur essendo un collega di Atanagio Cavalli al Collegio Romano, non esita a disapprovare pubblicamente il contenuto degli articoli scientifici della rivista. Escono inoltre opuscoli anonimi, che poi risulteranno scritti da altri colleghi di Cavalli al Collegio Romano, nei quali si criticano la strumentazione, i risultati e la teoria presentati negli articoli della rivista: una critica ampia e feroce alla quale Cavalli non riesce a rispondere in altro modo che con una annotazione nel suo registro delle osservazioni:

"Il sig. Abate Calandrelli", cioè uno degli autori degli opuscoli, "nelle sue riflessioni, o per dir meglio, nelle sue irriflessioni..."[57].

Queste accoglienze alle attività di meteorologia della Specola, certo, amareggiano il Duca Francesco, ma su Cavalli hanno addirittura l'effetto di provocargli forti mal di testa via via sempre più frequenti e che, in mancanza di sollievi più efficaci, egli non può fare altro che annotare con un *"MT"* nel suo registro delle osservazioni.

---

[56] 1780-81, *Antologia Romana,* vol. VII, p. 281
[57] G. Monaco, 1983, *opera citata,* p. 24

L'attività della specola Caetani si concentra così sulla pubblicazione delle effemeridi romane alle quali Francesco Caetani collabora in prima persona, senza mai lasciarsi sfuggire l'occasione di invitare nel suo Osservatorio le personalità scientifiche che si trovano a passare a Roma.

Purtroppo i tempi stanno diventando difficili e il 13 gennaio 1793 dalla terrazza di Palazzo Caetani si può osservare la sassaiola che, a Via del Corso, il popolo di Roma, al grido di "Viva S. Pietro! Fuori i francesi!", scatena contro la carrozza del delegato del governo parigino, Hugon de Bassville, e, certo, si saranno sentiti gli echi della giustizia sommaria che ne segue. Ancora più impressionante deve essere stato assistere ai diversi tentativi di devastazione del ghetto che confina proprio con Palazzo Caetani. Cavalli, che sempre di più utilizza il suo registro delle osservazioni come una sorta di diario, non può fare a meno di annotare gli avvenimenti di quei giorni.

Nonostante tutto, la Specola Caetani si sforza di far uscire le proprie effemeridi con la regolarità propria dei fenomeni celesti, che non vengono influenzati dagli avvenimenti umani, ma gli eventi sono così straordinari che Cavalli, alla data del 21 gennaio, non può fare a meno di annotare nel suo registro delle osservazioni che "Il Re di Francia fu giustiziato a Parigi col taglio della testa".

Cavalli scompare nell'ottobre 1797 seguito di lì a poco da Veiga, nell'aprile 1798 e Francesco Caetani offre la carica di Direttore della sua specola all'abate Feliciano Scarpellini, Rettore del Collegio Umbro, mentre il vento della Rivoluzione spazza oramai anche le strade di Roma.

Da qualche mese è stata proclamata la Repubblica e anche i Caetani, come tutti gli abitanti di Roma, vedono aumentare in modo vertiginoso la richiesta di nuove tasse che, fra contributi straordinari sulle proprietà immobiliari, tasse sui redditi, tasse sui feudi di Sermoneta e perfino requisizione di metà dell'argenteria, mettono in viva preoccupazione il Duca Francesco, che teme che anche le attività della Specola abbiano a risentirne. Di fatto, proprio durante il periodo della Repubblica l'Osservatorio Caetani si mostra particolarmente attivo, poiché si trova a godere della attiva protezione del matematico Gioacchino Pessuti, uno dei 7 tribuni che governano la Repubblica Romana, e di Gaspard Monge, fondatore della geometria descrittiva, un vecchio estimatore di Scarpellini inviato a Roma dal Direttorio di Parigi. Le effemeridi astronomiche del 1798 e del 1799 vengono così regolarmente pubblicate, sia pure cambiando la tradizionale data del 23 settembre in quella repubblicana del "primo vendemmiale", e Scarpellini può continuare la sua attività scientifica effettuando osservazioni del movimento dei satelliti di Giove, le occultazioni delle stelle da parte della Luna e il nuovo passaggio di Mercurio sul disco solare del maggio 1799.

Ma, l'abbiamo detto, sono anni burrascosi e quando, l'anno seguente, si conclude l'esperienza della Repubblica Romana, Scarpellini si ritrova in disgrazia e il Collegio Umbro, del quale ha continuato a essere Rettore, viene addirittura chiuso. Francesco Caetani, per niente intimidito dalla restaurazione pontificia, mantiene Scarpellini nella carica di Direttore del suo osservatorio e, anzi, assieme a Gioacchino Pessuti riprende il vecchio sogno di dare nuovamente vita all'antica Accademia dei Lincei di Federico Cesi e fonda, nel 1801, l'Accademia Caetani, della quale Pessuti viene nominato presidente e Scarpellini segretario.

Naturalmente, visti i trascorsi filo-francesi dei fondatori, l'Accademia viene guardata con sospetto e il governatore di Roma chiede a Caetani di cancellare dall'elenco dei membri dell'Accademia un certo numero di persone, fra le quali Pessuti. A questa richiesta il Duca Francesco risponde con una lettera indirizzata al Segretario di Stato, Cardinal Consalvi, nella quale afferma quei concetti nuovi di diritto che, dalla Francia, sono rapidamente permeati in tutta Europa e scrive

"...S'essi sono rei, venghino pure castigati; ma sia pubblico il loro castigo, non essendo giusto, che nel buio e fra le tenebre si scelga, per istrumento della giustizia del Governo di Roma, il duca oratore, il quale eliminando questi sette nomi dal ruolo accademico, senza poterne addurre i motivi, verrebbe a rendere odiosa ed equivoca la sua persona in faccia al pubblico..."[58].

---

[58] Sito per le celebrazioni dell'Accademia dei Lincei
http://www.lincei-celebrazioni.it/ilett_al_card.html

Francesco Caetani riesce così a mantenere integra la sua Accademia che, di lì a pochi anni, prenderà il nome di Accademia dei Lincei, a sottolineare la continuazione con quella seicentesca, e si traferirà da Palazzo Caetani alla vecchia sede del Collegio Umbro, dirimpetto alla sede attuale dei Lincei a Palazzo Corsini. L'Accademia, con riconoscenza, acclama il Duca Caetani *Restitutor Lynceorum* e lo proclama Presidente Perpetuo.

All'inizio del nuovo secolo l'Osservatorio Caetani, avendo oramai svolto il suo ruolo di mantenere viva la tradizione dell'Astronomia a Roma negli ultimi decenni del '700, si va spegnendo.

Francesco Caetani, che tanto ha speso per la sua creatura, si trova in serie difficoltà economiche ed è costretto a vendere la biblioteca di famiglia, in gran parte costituita dal fratello Onorato, ricca di libri di pregio e di manoscritti. Muore il 24 Agosto del 1810, serenamente, perché circondato dall'affetto di tutti gli uomini di cultura romani e perché, durante la sua vita, nonostante abbia attraversato tempi difficili, è riuscito a realizzare le cose che veramente gli interessavano.

Oggi la via che costeggia Palazzo Caetani non è dedicata al Duca Francesco, ma a un altro Caetani, Michelangelo, altrettanto illustre del suo antenato, Governatore di Roma nel 1870 al tempo del plebiscito per far aderire Roma al Regno d'Italia. Purtroppo è anche una delle vie di Roma più nominate in televisione e sui giornali a causa delle disgraziate vicende dei nostri anni che hanno fatto in modo che il termine "Via Caetani" assuma un suono sinistro più che evocare immagini di cieli stellati.

Una vera ingiustizia per il Duca Francesco.

I barattoli capitolini e gli osservatori dell'Ottocento

Nun j'è vienuta mò la frenesia,
invece de giucà a mercant'infiera,
d'aritirasse in camera 'gni sera
soli soli a studià de strolomia?...
G. G. Belli, 23 settembre 1836

Leone XII, papa Della Genga, in fatto di Dottrina ha un programma restauratore e, nel 1823, appena salito al Soglio, convoca il grande Giubileo del 1825 per rilanciare la fede cristiana dopo gli sconvolgimenti ai quali si è assistito in quel primo quarto di secolo.

Questo, però, non gli impedisce di prestare attenzione alle cose di Scienza, per cui provvede a far aggiornare l'Indice dei libri proibiti, nel quale erano finite molte opere di carattere copernicano, e autorizza la libera circolazione delle opere di Galileo.

Nel 1824 restituisce il Collegio Romano ai Gesuiti, dopo che il suo predecessore, Pio VII, li ha riabilitati e ha creato all'Università *La Sapienza* una cattedra di Fisica Sacra e di Cosmologia teologica

"…per far conoscere le moderne scoperte della scienza, onde ingrandire le idee che ci offrono la magnificenza e l'ordine di tutto il creato".

L'obbiettivo di restaurazione è evidente sia nei contenuti che nella presentazione del programma di insegnamento che risulta suddiviso

"… in sei grandi trattati… essendoché in sei giorni divise Mosè l'opera divina della creazione, ed a ciascun trattato serve di tema ciò che creò Iddio nella corrispondente giornata. Quindi è che il I si occupa della creazione del mondo, o piuttosto della creazione delle sostanze elementari; il II del firmamento, o sia dell'aria, e della divisione delle acque sopra la Terra divisa in continenti e mari; il III della produzione dei vegetabili; il IV dei corpi celesti, e de' loro uffici; il V della produzione dei pesci e dei volatili; il VI finalmente della produzione degli altri animali e della formazione dell'uomo ..."[59].

Dopo che i Gesuiti sono rientrati al Collegio Romano, Leone XII promulga la *Quod Divina Sapienza,* una Lettera Apostolica con la quale riordina le sedi per gli studi universitari e stabilisce le norme specifiche che debbono guidare l'attività del direttore dell'Osservatorio Astronomico (chiamato *"Moderator Speculae Astronomicae"*). In particolare si stabilisce che

"...il Direttore della Specola astronomica osservi il Cielo assiduamente e registri le efemeridi da pubblicarsi periodicamente... mantenga rapporti epistolari con gli astronomi più famosi per conoscere e approfondire nuove scoperte... è suo compito conoscere a fondo l'importanza degli oggetti conservati per darne spiegazione agli alunni dell'Università..."

In altri termini, diventare Direttore di un Osservatorio Astronomico nello Stato Pontificio, soprattutto se si ha una certa età, non è quello che si può chiamare un canonicato.

Se la Lettera Apostolica di Leone XII ha il merito di chiarire i doveri del Direttore, non chiarisce, tuttavia, se egli abbia sul serio intenzione di realizzare l'Osservatorio Astronomico di Roma. C'è, è vero, il rifondato Osservatorio del Collegio Romano, la cui specola è situata nella Torre Calandrelli, che dispone però di spazi angusti e di strumenti troppo modesti per competere con gli Osservatori delle grandi città europee.

C'è poi il docente di Fisica Sacra dell'Università, Feliciano Scarpellini, che ritiene si debba creare un Osservatorio fuori Roma, in una località con l'aria più tersa e più stabile di quella dell'interno della città, ma alla fine si adegua alla proposta del

---

[59] S. Proja, 1837, *"Giornale accademico di scienze, lettere ed arti"*, 74, pp. 106-110

camerlengo Caleffi di costruire sulla Torre Orientale del Palazzo del Campidoglio, quella detta di Nicolò V, uno

> "studio pratico di ottica e di astronomia" per il quale "il Mons. Tesoriere ha già messo a disposizione… la somma di scudi mille da pagarsi a scudi cento il mese dopo che quello sia cominciato".

I lavori partono il 10 novembre 1827 e, viste le ristrettezze finanziarie, vanno avanti per quattro anni prima di concludersi. Il risultato è modesto: l'osservatorio consiste in una casetta rotonda sulla terrazza della torre capitolina, all'interno della quale sono ricavate un paio di stanze in aggiunta alla sala ottogonale dentro la Torre, la cui funzione è in qualche modo enfatizzata da una lapide con la scritta *DEO CREATORI*. Sul pavimento della sala principale è disegnata una meridiana e quei pochi strumenti per l'osservazione del cielo dei quali dispone l'Osservatorio debbono essere spostati sul terrazzo ogni notte e riposti all'interno durante il giorno.

Scarpellini, aiutato in questi lavori dalla nipote Caterina, usa l'Osservatorio essenzialmente per la sua didattica universitaria, tuttavia, poiché il suo nome è ben conosciuto in Europa e continua a ricevere visite da parte di illustri scienziati stranieri, l'Osservatorio del Campidoglio, anche se non rinomato scientificamente, risulta abbastanza ben conosciuto nell'ambiente degli specialisti. Si tratta tuttavia di una notorietà legata esclusivamente alla figura di Scarpellini per cui, alla sua scomparsa, nel 1840, c'è il rischio che l'Osservatorio del Campidoglio, mal visto da molti fino dalla sua fondazione, chiuda la sua attività appena iniziata.

C'è da fare i conti, però, con la giovane nipote Caterina Scarpellini, la quale continua, un po' da sola e un po' con l'aiuto del marito Erasmo Fabri, le osservazioni dello zio Feliciano, pubblicandole regolarmente in una raccolta dal titolo *Corrispondenza Scientifica*. Anzi, l'attività di Caterina viene riconosciuta a livello nazionale tanto che, alla sua scomparsa, il Municipio di Roma decide di erigerle un monumento al "Pincetto" del cimitero del Verano.

Scongiurato così il rischio della chiusura, viene nominato nuovo direttore dell'Osservatorio Ignazio Calandrelli, nipote del Giuseppe Calandrelli che aveva costruito la Torre al Collegio Romano.

Il nuovo Direttore è un eccellente matematico e, nonostante gli strumenti a sua disposizione siano senz'altro modesti, riesce a realizzare un meritorio compito scientifico, calcolando le orbite di un gran numero di pianetini e di comete. Si tratta di un'attività importante, perché gli oggetti minori del sistema solare sono particolarmente veloci in cielo, per cui, l'unico modo di ritrovarli da

Il telescopio equatoriale di Merz dell'Osservatorio del Campidoglio attorno al 1850

una notte a quella seguente è di conoscere accuratamente la loro orbita e calcolare, quindi, lo spostamento nelle 24 ore.

Anche il Santo Padre, Pio IX, è incuriosito da quest'attività e, nel 1847, subito dopo la sua elezione, decide di dotare l'Osservatorio di uno strumento dei passaggi Ertel che acquista a proprie spese. Il Marchese Giuseppe Ferrajoli, venuto ad abitare nel Palazzo di Piazza Colonna, a due passi dal Campidoglio, vuole seguire l'esempio del Papa e offre all'Osservatorio un ottimo telescopio Merz.

L'Osservatorio di Roma sul Campidoglio diventa quindi un Osservatorio scientificamente dignitoso, ma che acquista definitiva rinomanza con l'arrivo nel 1865 del nuovo Direttore, Lorenzo Respighi, esule nientedimeno che da Bologna, essendo uno dei 3 docenti dell'Ateneo bolognese che, dopo l'annessione allo Stato Unitario, si è rifiutato di giurare fedeltà a Vittorio Emanuele II e, di conseguenza, ha dovuto lasciare la cattedra e la Direzione dell'Osservatorio di Bologna.

Respighi dà un serio impulso scientifico all'Osservatorio del Campidoglio iniziando gli studi di spettroscopia stellare e quelli delle macchie e delle protuberanze solari, ma ha soprattutto il merito di creare attorno a sé un gruppo di giovani allievi per svolgere il lavoro tanto prezioso quanto oscuro di registrare quello che si osserva al telescopio che, in un'epoca nella quale non è ancora subentrata la fotografia astronomica, può essere fatto solo disegnando su un foglio quello che si osserva al telescopio. Il lavoro è faticoso, perché bisogna fare degli schizzi durante l'osservazione e, dopo poche ore, quando la memoria è ancora fresca, realizzare il disegno definitivo da confrontare con analoghi disegni fatti da un altro astronomo in qualche altra parte del mondo.

Sarà forse per il fatto che questa preziosa attività osservativa trapela anche al di fuori degli ambienti scientifici, sarà per la figura di Respighi che ha rinunciato, per lealtà verso il Pontefice, alla cattedra a Bologna, fatto sta che, quando nel 1870 il Regno d'Italia annette anche la città di Roma, Respighi, il quale pure continua a rifiutare di giurare fedeltà a Vittorio Emanuele II, viene lasciato al suo posto di Direttore dell'Osservatorio che, naturalmente, prende il nome di *Regio Osservatorio Astronomico sul Campidoglio*. Anzi, quando, l'anno successivo, il Governo Britannico lo invita a prendere parte alla spedizione in India in occasione dell'eclisse solare, il Ministero dell'Istruzione offre a Respighi il rimborso delle spese per il viaggio, senza insistere ulteriormente sulla questione del giuramento.

Qualche anno più tardi il Ministro dell'Istruzione arriva a nominarlo Cavaliere del Regno e, per evitargli l'imbarazzo del giuramento, gli invia la medaglia a casa. Respighi, con il suo solido senso di lealtà, scrive al Ministro una lettera di ringraziamento, ma dichiara che, rimanendo leale verso il Papa, è costretto a restituire l'onoreficienza. Un gesto che, probabilmente, neppure il Papa gli avrebbe richiesto.

Con la crescita dell'Osservatorio sul Campidoglio che si affianca a quello del Collegio Romano, Roma si trova ad ospitare definitivamente due Osservatori astronomici. Certamente Leone XII non aveva immaginato che la creazione di un Osservatorio Astronomico legato all'università pubblica avrebbe posto le basi per uno scontro che, raggiunto il suo apice nel ventennio fascista, arriva fino ai nostri giorni.

Uno scontro che assume spesso toni rabbiosi, a volte velati da sarcasmo, come quelli che traspaiono dall'articolo *I barattoli capitolini* pubblicato sul Giornale d'Italia del 25 aprile 1925 a firma di Svastica (!)

"Quei deliziosi barattoli che si ammirano da tutti i punti di Roma in cima a una torre del Palazzo Senatorio… sono le torrette dell'Osservatorio Astronomico dell'Università, ma tolto lo scopo di dare una gradevole dimora al titolare della cattedra, non giovano alla scienza per la loro ridicola insufficienza e offendono la storia e l'arte appollaiate come sono sull'alto di un edifizio medievale al pari di volgarissime conserve dell'Acqua Marcia. Un tempo erano dipinte di un gialletto appetitoso che ricordava le scatole di pomodoro per gli spaghetti: ultimamente le avevano verniciate di un finto alluminio!…"

La polemica è dura, ma diventa comprensibile se si osserva che, dalla fine dell'800 a quasi la metà del '900, non c'è foto o cartolina del centro di Roma nella quale non si vedano sul Campidoglio quelle strane cupole cilindriche che il polemista chiama "*i barattoli capitolini*".

Nonostante i mezzi limitati che lo Stato Pontificio riesce a dedicare allo sviluppo dell'astronomia, nella Roma dell'800 lo studio del cielo continua a essere coltivato con passione.

Gli studiosi che salgono la scalinata del Campidoglio, magari per partecipare a una riunione dell'Accademia dei Lincei, che per volere di Papa Leone ha stabilito proprio sul colle la propria sede, hanno la possibilità di vedere un inconsueto scenario astronomico.

Guardando in direzione della città seicentesca e ponendo le spalle alle cupole dell'Osservatorio capitolino, ci si trova immediatamente davanti, quasi a portata di mano, la torretta dell'Osservatorio del duca Mario Massimo. Quella torretta astronomica è un regalo del duca padre, Francesco, al figliolo Mario, tanto appassionato da seguire sia i corsi di astronomia tenuti al Collegio Romano che quelli a *La Sapienza*. C'è da dire che il giovane Massimo fa buon uso dei telescopi con i quali il duca padre correda l'Osservatorio, come risulta dalle osservazioni eseguite del passaggio di Mercurio sul disco del Sole pubblicate sulle *Memorie dell'Accademia dei Lincei*. Il suo contributo alla scienza romana viene riconosciuto nel 1847, quando l'Accademia dei Lincei offre al Duca la Presidenza dell'Accademia stessa.

La Torre dell'Osservatorio Massimo è ancora lì, con Via del Teatro Marcello che la separa dal Campidoglio, muta testimonianza di un'epoca, quando l'astronomia era ancora impresa individuale e passione di molti.

Un po' più distante dal Campidoglio, a poche decine di metri dal Collegio Romano, è facile per uno studioso di fine Ottocento scorgere l'Osservatorio fatto costruire da Vincenzo Nardini nel 1864 sui palazzi del collegio di S. Tommaso nel complesso di S. Maria sopra Minerva, utilizzando parte delle vecchie attrezzature del Padre Audiffredi. Nardini insegna presso la cattedra tomistica della Biblioteca Casanatense e la sua reputazione di scienziato è così solida da riuscire a farsi finanziare la costruzione della sua specola dal Duca Carlo Ludovico di Borbone e dalla sua consorte Maria Teresa di Savoia, ma la vita del suo Osservatorio è destinata a concludersi rapidamente, perché nel 1870 lo Stato Unitario requisisce i locali e ne confisca la strumentazione, per cui oggi non se ne trova più traccia. Resta di questo Osservatorio l'indiretta testimonianza costituita dalle ingegnose realizzazioni di un confratello di Nardini, Giovan Battista Embriaco, il quale, quando l'Osservatorio termina la sua breve esistenza, si dedica completamente alla sua passione: costruire quei monumentali orologi ad acqua che troviamo al Pincio e nel cortile di Palazzo Berardi a Via del Gesù e che gli hanno fatto meritare un riconoscimento all'Esposizione di Parigi del 1867.

Chi si affaccia invece sul lato di Via Sacra si ritrova proprio sotto le cupole dell'Osservatorio del Campidoglio e può scorgere sulla sinistra, fra il Quirinale e il Viminale, la torre che ospita l'Osservatorio del *signor Paolo Bulla*, che come lui, si presenta nella prima pubblicazione della sua specola. L'Osservatorio, anche se distante dal Campidoglio qualche centinaio di metri in linea d'aria, è ben visibile grazie alla torre sormontata da una cupola cilindrica, del tipo di quella di Scarpellini, che ospita al suo interno un bel telescopio di Merz di 130 cm di focale.

Bulla è uomo modesto "…ho pensato poter essere buono a qualcosa il mio piccolo Osservatorio privato…" ma ne è orgoglioso e lo descrive con qualche dettaglio

Frontespizio della presentazione
dell'Osservatorio di Paolo Bulla nel 1881

"…nella vallata che congiunge il colle Quirinale col Viminale si erge una piccola torretta sopra gli edifici circostanti… in un ballatoio merlato che corre attorno alla sommità della torre trovasi la fenestra meteorologica alta 24 metri sul piano stradale…"[60].

Forse, aiutato dal disegno che Bulla mette nel frontespizio della sua pubblicazione, qualche romano potrebbe identificare la torre del vecchio Osservatorio, del quale abbiamo perduto le tracce.

Sui tetti di S. Ignazio

Solo a Roma può capitare di trovarsi sotto un Osservatorio astronomico posto a una altezza di più di venti metri, e di non vederlo. D'altra parte, solo a Roma può capitare che un gesuita studioso di astronomia arrivi alla conclusione che il posto migliore per costruire l'Osservatorio pontificio sia il tetto della chiesa del suo Collegio.

L'idea proposta nel 1744 da Ruggero Boscovich a Benedetto XIV è quella di utilizzare i pilastri della cupola centrale di S. Ignazio per sostenere la cupola astronomica dell'Osservatorio pontificio. Il suo ragionamento è scientifico: in primo luogo le mura della chiesa, progettate originariamente per sostenere una cupola di 17 metri, sono solidissime e, essendo state costruite oltre un secolo prima, hanno avuto tutto il tempo di assestarsi; in secondo luogo, se non si sono trovati i soldi per costruire la cupola centrale quando tutte le migliori famiglie europee facevano a gara per mandare i loro figli a studiare dai Gesuiti, è difficile che questi soldi si trovino in un momento nel quale l'ordine di S. Ignazio è diventato inviso a molte corti europee. D'altra parte, anche a voler considerare il lato artistico della questione, la cupola mancante è perfettamente mascherata da quella tela di Andrea Pozzo che, realizzando un autentico capolavoro di prospettiva, dà a tutti i

---

[60] P. Bulla, 1885, *Notizie sopra l'Osservatorio privato di Paolo Bulla*, Tipografia della R. Accademia dei Lincei, Roma

fedeli presenti all'interno della chiesa l'impressione che la cupola ci sia davvero (peccato che la tela sia finita a pezzi dopo l'esplosione della polveriera di Monteverde nel 1891 e che quella attuale sia solo una brutta copia dell'originale...).

Ci sono due altre considerazioni che sorreggono la convinzione di Boscovich: la prima è che Roma è "città privilegiata per clima, trasparenza di atmosfera e per limpidità di cielo" e la seconda è che non sia opportuno dislocare l'Osservatorio fuori la città perché

> "la malsania dell'aria, che nei mesi estivi infesta i siti meno abitati di Roma, avrebbe tenuto lontano gli astronomi nella stagione più opportuna pei lavori"[61].

L'idea di Boscovich è affascinante e Papa Lambertini ne è tentato ma, quando si trova a confrontare i costi del progetto con lo stato delle casse vaticane, è costretto a rimandarlo a tempi migliori.

Non che i tempi siano destinati a migliorare rapidamente: anche dopo che Leone XII ha restituito nel 1824 il Collegio Romano ai gesuiti, i vari Direttori che si susseguono, i Padri Domenico Dumouchel, Francesco De Vico e Angelo Secchi, per quasi trenta anni non riescono a ottenere le risorse per costruire il nuovo Osservatorio e sono costretti a utilizzare la vecchia Torre Calandrelli, nonostante sia ben noto che gli spazi sono troppo angusti per poter ospitare telescopi e strumenti moderni. Ciononostante gli astronomi gesuiti riescono a svolgere un'attività sistematica di osservazione del cielo, che li porta a scoprire una diecina di nuove comete e, contemporaneamente, iniziano a compilare un catalogo del colore di diverse migliaia di stelle, attività questa che rimette il Collegio Romano al passo con l'astronomia europea perché l'analisi del colore delle stelle è lo strumento per risalire alla loro temperatura e alla composizione chimica.

Nel '46 sale al trono pontificio Pio IX, circondato, forse al di là del suo desiderio, dalla fama di uomo di vedute moderne. Il nuovo Pontefice si rende conto che l'astronomia dello stato pontificio meriterebbe di essere conservata al livello della sua tradi-

---

[61] A. Secchi, 1855, *Memorie dell'Osservatorio del Collegio Romano, anni 1852-55*, p. 3

zione e interviene acquistando, con il suo patrimonio personale, il nuovo telescopio dell'Osservatorio del Campidoglio e affidando all'Osservatorio del Collegio Romano il compito di cambiare l'orario che regola la vita della città, abbandonando l'*ora all'italiana* in uso fino a quel momento.

Sembrerebbe quasi una riproposizione degli eventi vissuti all'epoca dell'introduzione del calendario di Gregorio XIII, ma, purtroppo, i tempi sono molto diversi: mentre Papa Gregorio aveva introdotto un calendario che era un'innovazione per tutto il mondo civile, Pio IX non fa che adeguare la vita della città al sistema che è già utilizzato in tutta Europa. Qualcuno avrà pure rimpianto questa innovazione

> "come la distruzione di una memoria dell'antica grandezza, quando Roma comandava al mondo: ma i tempi che furono è inutile invocarli in epoca in cui solo se ne hanno gli incovenienti senza i vantaggi"[62].

Il cambiamento non è affare da poco per i romani perché l'*ora all'italiana* è, sì uno strumento di misura obsoleto basato com'è sull'intervallo di tempo che va dall'alba al tramonto per cui le ore estive risultano lunghe quasi il doppio di quelle invernali, ma è tuttavia un sistema, in qualche modo naturale, al quale le persone sono abituate.

Pio IX, consapevole di quanto difficile sarebbe stato adattarsi a tutti questi cambiamenti, stabilisce che, per dare alla città un segnale che scandisca l'orario quotidiano, ogni giorno parta da Castel Sant'Angelo una salva di cannone che possa essere udita in ogni punto della città e che compito degli astronomi del Collegio Romano sia quello di avvertire l'artigliere del momento preciso nel quale dar fuoco alle polveri.

La disposizione papale viene soddisfatta in questa maniera: cinque minuti prima di mezzogiorno l'astronomo innalza una bandiera su un'asta posta sulla sommità della Torre Calandrelli, in modo che il militare al cannone, vedendola dalla sommità di Castello, si prepari e, a mezzogiono preciso, la bandiera viene

---

62 A. Secchi, *ibidem*, p. 14

ammainata dando il segnale del mezzogiorno. L'accuratezza di una segnalazione di questo tipo è di qualche secondo, più che sufficiente per le esigenze della Roma dell'Ottocento.

La gente resta dapprima sorpresa da questa innovazione, ma poi, a poco a poco, si abitua, tanto che anche quando, molti anni dopo, il cannone sarà trasferito da Castel Sant'Angelo al Gianicolo, il colpo di cannone resterà un appuntamento per i romani anche se oramai, con il rumore del traffico, lo riusciranno forse a sentire soltanto al mezzogiorno della domenica.

Certo, non è che alla fine degli anni '40 i romani, mentre assistono alla guerra civile, abbiano il cannone di Castello in cima ai loro pensieri ed è probabile che quella sera del 24 novembre 1848, mentre fugge travestito da prete e nascosto nella carrozza dell'ambasciatore di Baviera, l'ultima preoccupazione che passa nella mente di Pio IX è quella che il cannone di Castel Sant'Angelo svolga regolarmente il suo servizio.

Il cannone in effetti continua il suo lavoro per qualche settimana ma, a dicembre, mentre i rivoluzionari si apprestano a convocare l'Assemblea Costituente della Repubblica Romana, cessa di sparare e sulla Torre Calandrelli non viene più innalzata la bandiera di segnalazione del mezzogiorno.

Si saprà presto che gli astronomi del Collegio Romano sono fuggiti in Inghilterra e negli Stati Uniti portando via tutta la strumentazione scientifica dell'Osservatorio, perché si ventila che la Repubblica abbia il progetto di requisirla assieme agli altri beni ecclesiastici. Si tratta di un esilio volontario e di breve durata, ma che sguarnisce le già esili fila dell'astronomia romana dal momento che il vecchio direttore De Vico, da tempo malandato in salute, muore a Londra e Sestini, giovane promessa dell'astronomia, decide di rimanere negli Stati Uniti.

Fortuna vuole che a tornare, assieme agli strumenti portati all'estero, sia proprio quel giovane di trenta anni, Angelo Secchi, che De Vico stesso aveva individuato come studioso brillante e di solida reputazione.

La formazione di Secchi è quella di un fisico per cui, appena nominato direttore, si rende subito conto che non ha senso per l'astronomia romana cercare di vivacchiare arrabbattandosi con i piccoli strumenti che si possono posizionare sui cornicioni della Torre Calandrelli e affronta la questione della costruzione del nuovo Osservatorio sui tetti di S. Ignazio di cui si parla da quasi un secolo e, come a volte capita a chi prende un'iniziativa coraggiosa, viene assistito dalla fortuna.

Accade, infatti, che un suo giovane collaboratore, Paolo Rosa, arrivato da Georgetown dove si trovava durante i mesi dell'esilio volontario, riceve una discreta eredità dal padre, conte Giuseppe Rosa-Antonisi, e non esita a metterla a disposizione dell'Osservatorio del Collegio per l'acquisto di un nuovo telescopio dalla ditta tedesca Merz. Ora, non si sa bene se perché colpito dalla generosità del giovane Rosa o perché il nome di Angelo Secchi gode di una solida reputazione in Europa e quindi avere dei rapporti commerciali con lui costituisce un'ottima pubblicità per la ditta, fatto sta che — come ricorda Secchi stesso —

"il signor Merz volle fare un grazioso omaggio al Santo Padre Pio IX… e fornì una macchina perfetta e completa raddoppiando quasi il valore di essa in omaggio dell'Augusto Capo della Chiesa Cattolica, onde poi il S. Padre lo creò Cavaliere dell'Ordine di S. Gregorio".

A questo punto Secchi può giustamente sostenere che non avrebbe senso essere dotati del miglior telescopio in Italia se, contemporanemaente, non si mettesse mano alla costruzione della cupola dove poterlo alloggiare e riesce a organizzare una sorta di colletta. Oltre ai fondi di Padre Rosa, ne ottiene altri dai superiori dell'Ordine e da "altri individui della stessa Compagnia", che si aggiungono a quelli dovuti "alla sovrana liberalità di Pio IX", e in questo modo riesce a realizzare il nuovo Osservatorio del Collegio Romano o, meglio, *sul* Collegio Romano, che, ancora oggi, costituisce l'unico esempio di cupola astronomica realizzata in sostituzione di una cupola di chiesa.

L'Osservatorio è inaugurato nel 1854 alla presenza di Pio IX e, secondo il progetto di Boscovich, poggia sui quattro piloni della cupola mai realizzata di S. Ignazio, per cui, nonostante le cupole astronomiche abbiano dimensioni ragguardevoli e ospitino tre telescopi, il Merz che abbiamo visto, il circolo meridiano di Ertel donato dal padre Generale della Compagnia, e un cannocchiale Cauchoix dedicato allo studio del Sole, tutti gli strumenti risultano molto stabili e permettono osservazioni di buona qualità.

L'Osservatorio del Collegio Romano sulla Chiesa di S. Ignazio
visto dalla Torre Calandrelli nel 1854

Naturalmente Padre Secchi non dimentica che Pio IX ha affidato al Collegio Romano l'incarico di segnalare il mezzogiorno e, dopo la sospensione nei mesi della Repubblica, provvede a tornare a svolgere il compito di segnalazione all'artigliere di Castel Sant'Angelo. Solamente, si limita a sostituire la vecchia bandiera della Torre Calandrelli, nel frattempo trascinata via durante un temporale, con una cesta che viene innalzata su un'asta posta proprio a ridosso della croce che sovrasta la facciata di S. Ignazio e che, con la stessa tecnica usata con la bandiera, viene lasciata cadere allo scoccare del mezzogiorno.

Questo sistema va avanti per più di 50 anni, finché nel 1905, quando a Roma sono cambiate un'infinità di cose, anche il cannone di mezzogiorno viene spostato sul Gianicolo e il segnale per sparare viene inviato per via telegrafica, facendo suonare un campanello elettrico. L'innovazione, certo più al passo con i tempi, deve presentare tuttavia qualche inconveniente, se nel 1925 il

Direttore Armellini ritiene di dover scrivere una lettera al Ministero con la quale sollecita che la linea telefonica dell'Osservatorio venga ben isolata perché

> "può avvenire, ed infatti è avvenuto, che nelle giornate piovose e ventose il filo telefonico dell'Osservatorio subisca contatti con altri fili, producendo delle false suonate di campanello che inducono in errore l'artigliere incaricato di sparare il cannone".

La vita della città doveva essere molto differente da quella di oggi, se poteva capitare che il segnale del mezzogiorno fosse affidato al caso meteorologico senza che, tutto sommato, capitasse un granché.

Non c'è dubbio che Secchi sia un uomo pratico e, per i suoi problemi tecnici, cerchi sempre la soluzione più semplice ed efficace. Il circolo meridiano, strumento fondamentale per determinare la posizione delle stelle e per misurare lo scorrere del tempo astronomico, richiede, per esempio, che venga posizionato con una elevata precisione e che questa posizione venga controllata quotidianamente. Secchi, senza cercare soluzioni sofisticate, fissa su un albero del Pincio, a una diecina di metri dalla Casina Valadier, una tavoletta sulla quale ha disegnato una scacchiera in bianco e nero in modo che risulti visibile dall'Osservatorio e ogni giorno punta il cannocchiale sulla tavoletta, verificando così se lo strumento è rimasto stabile rispetto al giorno precedente. È inutile dire che, anche per Secchi, una misura alla buona come questa non può costituire il sistema definitivo per la collimazione del cannocchiale e si adopera quindi col Governo della città affinché venga realizzata una colonna nella quale sia incastonata una scacchiera di marmo che resista quindi alle intemperie. La colonna viene poi forata al di sotto della scacchiera in modo tale che, posizionando una lanterna sulla faccia opposta della colonna, la scacchiera ne risulti illuminata e l'aggiustamento del cannocchiale possa essere fatto anche di notte.

Quella colonna è ancora sul Pincio, fra la Casina Valadier e l'orologio ad acqua di Padre Embriaco, sormontata, dal 1878, dal busto di Angelo Secchi scomparso in quell'anno. Forse come gesto di pace da parte dello Stato Italiano (che Secchi non perdonò mai di aver stabilito la propria capitale a Roma) il monumento è circondato da un piccolo giardinetto che lo distingue da quelli degli altri italiani illustri ricordati sul Pincio.

Angelo Secchi è uno dei più grandi astronomi europei dell'800. La sua passione per l'osservazione del cielo lo porta ad occuparsi dello studio del pianeta Marte, di quello della granulazione, delle macchie e delle facole del Sole. Secchi definisce la prima classificazione spettrale delle stelle arrivando a stabilire che la loro

"costituzione è identica in quanto alla natura della materia e differiscono solo nel grado di maggiore o minore densità atmosferica e elevazione della temperatura"[63],

si occupa inoltre di meteorologia e di geodesia, ricevendo riconoscimenti alla Esposizione Universale di Parigi del 1867.

Non c'è dubbio che uno scienziato di questo spessore altro non desidererebbe che coltivare gli studi di astronomia per il resto dei suoi giorni conducendo la vita di buon religioso scelta fin da giovanissimo. Purtroppo il programma della Storia è differente. Secchi lo osserva svolgersi con scientifico distacco mentre continua i suoi studi quotidiani, che annota diligentemente sul registro delle osservazioni meteorologiche. L'ingresso dei Bersaglieri dalla breccia a Porta Pia, per esempio, non merita più di un'osservazione alla data del 20 settembre 1870

"Bello. Cannonate al mattino, furfanterie fino a sera. (Vento) Nord e Sud-Ovest leggero. Cresce poco il barometro. Magneti poco regolari". Per poi proseguire regolarmente col 21 settembre "Bello. Nord e Sud-Ovest discreto. Cala forte il barometro. Magneti perturbati".

Ci mancherebbe che l'arrivo delle truppe di un re piemontese venga a interferire con le osservazioni celesti!

Il Governo unitario, una volta tenuto il plebiscito e insediatosi il 9 Ottobre, scopre immediatamente che, fra gli altri problemi, si

---

[63] A. Secchi: 1877, *Le stelle*, pp. 110-111

ritrova anche quello del Collegio Romano. Non ci sarebbero vere difficoltà con l'astronomia e con gli astronomi che non vogliono giurare fedeltà al Re, come dimostra il caso di Respighi, lasciato tranquillamente al suo posto. Il vero problema è che i Gesuiti intendono continuare a impartire l'educazione ai giovani a loro discrezione e, su questo, lo stato italiano non intende cedere.

Angelo Secchi entra, probabilmente molto al di là dei suoi desideri, in questa prova di forza tra Stato e Collegio Romano, prova nella quale il suo Osservatorio rimane inevitabilmente coinvolto.

L'atteggiamento dello Stato Italiano, che sente su di sé gli occhi dell'opinione pubblica internazionale, è di apertura e, non solo lascia Secchi alla direzione dell'Osservatorio, ma gli offre la cattedra di Astronomia fisica all'Università *La Sapienza*. Secchi accetta l'offerta senza badare troppo alle conseguenze politiche della sua decisione e si ritrova così esposto alle critiche dei lealisti che lo tacciano di connivenza con i nemici di Sua Santità, e a quelle degli anticlericali che non si fidano di un uomo che sarà pure uno scienziato, ma è ancora prima un gesuita.

Secchi è così costretto a rifiutare le due offerte dello Stato unitario accettate in un primo momento e decide di rimanere confinato all'interno dell'Osservatorio, da dove confessa con grande amarezza

"La mia afflizione per ciò che si dice di me è al colmo. Ma in faccia a Dio so che non ho mancato, e questo mi consola. Del resto sarà ciò che Dio vorrà".

I rapporti fra il clero cittadino e il nuovo governo, da cattivi che erano, diventano pessimi.

Pio IX vede nel Regno d'Italia l'incarnazione profonda del razionalismo ateo, lascito della Rivoluzione Francese, e già da anni nel *Sillabo degli errori* ha indicato in questa ideologia la causa della corruzione dell'animo dei giovani che va montando. Anche i circoli liberali, d'altra parte, non scherzano e vedono in ogni organizzazione cattolica un luogo di cospirazione contro la nazione.

Solo un paio di giorni dopo l'insediamento del nuovo Governo si assiste a un durissimo scambio di note fra il Rettore del Collegio Romano, che intende riaprire le scuole, e il Consigliere del Luogotenente del Re, che ha intenzione di continuare a utilizzare il Collegio per alloggiare le sue truppe e che, in ogni caso, ha chiaro il concetto che l'insegnamento pubblico è prerogativa esclusiva dello Stato[64]. I toni delle note, diretti e brutali quelli del Generale, falsamente sorpresi e (ovviamente) gesuitici quelli del Rettore, sono così diversi che lasciano facilmente intuire la totale incomprensione fra i due interlocutori.

Inizia il Rettore il 12 Ottobre

"…essendo imminente il tempo che la Prefettura delle Scuole deve riaprirsi per l'ammissione e iscrizione degli scolari… stamane alcuni signori uffiziali sono venuti a visitare il luogo ed hanno detto che si tratta di metterlo in ordine per una caserma stabile da servire ad un battaglione… Il Rettore si stima di rappresentare che un tal progetto è incompatibile con la destinazione di detto luogo ad uso di pubblica Università…"

Risponde il Generale Brioschi il 26 Ottobre

"…adempio al dovere di significarle che i locali attualmente occupati dalle RR. Truppe non possono essere posti a disposizione della SV venendo riservati ad uso di pubblica istruzione, che intende di aprirvi senza indugio lo Stato".

Il 29 Ottobre la parola è al Rettore

"…quando un tal modo di procedere si riducesse in pratica, parmi che equivarrebbe alla sostituzione della forza e dell'arbitrio, in luogo del diritto e della giustizia: nel qual caso è ben chiaro che a noi non resterebbe che il doloroso dovere di protestare".

Il 2 Novembre il Generale arriva al cuore del problema

---

[64] Anonimo: 1870, *La chiusura delle scuole del Collegio Romano*, Firenze c/o Manuelli libraio

"...la Congregazione dei PP Gesuiti rimane libera di dirigere secondo che le aggrada gli studi di teologia... ma quando l'istruzione viene impartita ai laici... essa non ha valore né per gli Istituti né per le carriere governative, constando a questa Luogotenenza che i suoi insegnamenti non sono consentanei ai programmi dello Stato".

Poiché, nonostante l'avvertimento, il Collegio ha iniziato i corsi per gli studenti, la reazione del Generale non si fa attendere e il 6 Novembre scrive

"...non avendo la SV. ottemperate alle prescrizioni degli articoli 246 e 247 della legge del 13 Novembre 1859, tenuto conto della manifesta noncuranza degli ordini impartiti dall'autorità, la Luogotenenza applica allo stabilimento dei PP Gesuiti l'articolo 254 di detta legge e ne ordina la chiusura, sotto le comminatorie indicate nell'articolo stesso per il caso di inobbedienza".

Il Rettore risponde con una nota nella quale pensa di dimostrare, in punta di diritto, che egli non ha violato la legge richiamata, ma il Generale non cade nella trappola di aprire un contenzioso che mira a guadagnare tempo e lascia, come sua ultima parola, la minaccia delle sanzioni previste dalla legge.

Le attività didattiche dei Gesuiti del Collegio Romano vengono sospese e, nel 1873, il Collegio viene dichiarato proprietà dello Stato e, secondo quanto lascia scritto il Rettore,

"si è voluto a colpi di scalpello infrangere lo stemma del Nome di Gesù... sull'architrave della porta esterna che mette nell'atrio del Collegio".

L'Osservatorio però, per riguardo alla figura di Secchi, resta proprietà della Santa Sede e, anzi, viene lasciata al suo posto la grande scritta in caratteri di bronzo sopra l'ingresso *Osservatorio Pontificio*[65].

---

[65] S. Maffeo, 1991, *Cento anni di Specola Vaticana*, Pontificia Academia Scientiarum, p. 26

Il meno che si possa fare, parlando dei rapporti che intercorrono fra lo Stato e Angelo Secchi, è di definirli "faticosi". Il Ministero dell'Istruzione, consapevole della visibilità internazionale di Secchi, cerca la sua collaborazione in diverse occasioni, ma questi si trova stretto fra due fuochi: da una parte diversi astronomi italiani avanzano difficoltà formali sulla sua partecipazione ai Comitati nazionali e, dall'altra, la Segreteria di Stato Pontificia non gradisce affatto iniziative che possano essere lette come una normalizzazione dei rapporti fra Stato e Chiesa.

Angelo Secchi è profondamente convinto che sia la fede a fornire la sintesi dei principi che prendono forma nella natura e, forse anche per sfuggire alle pressioni della politica del periodo burrascoso in cui si trova a vivere, spende gli ultimi anni della sua vita ritirato e dedicandosi a scrivere libri di carattere scientifico. Si spegne il 26 Febbraio 1878, circondato dalla stima di tutti quelli che lo hanno conosciuto.

Il grande telescopio equatoriale Merz di Secchi
al Collegio Romano nel 1854

L'Osservatorio Vaticano

Con la scomparsa di Padre Secchi, l'Osservatorio del Collegio Romano passa definitivamente allo Stato Italiano e il Vaticano si trova a essere privo di un suo Osservatorio Astronomico. Non è che sia strettamente indispensabile per uno Stato così piccolo disporre di uno specifico sito astronomico, ma ci sono due motivi che spingono Leone XIII a non rinunciare all'idea: non gli fa piacere, in primo luogo, che lo Stato unitario si possa appropriare della gloriosa tradizione astronomica romana, ma soprattutto vuole contrastare il luogo comune, che la propaganda anticlericale diffonde a piene mani, secondo cui nella Chiesa romana alberghi la quintessenza dell'oscurantismo. E tutto si può dire eccetto che Papa Leone non parli chiaro perché, in occasione della rifondazione della Specola, emette un *Motu-Proprio Ad Perpetuam Rei Memoriam* che inizia così

> "Per gettare disprezzo e odiosità sulla mistica Sposa di Cristo, che è vera luce, i figli delle tenebre sono soliti di calunniarla di fronte agli indotti e chiamarla amica dell'oscurantismo, fomentatrice d'ignoranza, nemica della scienza e del progresso, rovesciando essenza e significato di nomi e di cose"[66].

Presa la decisione, la sede della nuova *Specola Vaticana* viene individuata nella vecchia Torre dei Venti di Gregorio XIII, di fatto abbandonata da tempo, sulla quale viene installata una cupola girevole. Direttore dal 1890 è padre Francesco Denza che, naturalmente, è stato allievo di Angelo Secchi.

A Denza, uno scienziato già affermato e perfettamente consapevole che un'attività scientifica moderna debba essere basata su collaborazioni internazionali, si offre una possibilità eccellente: partecipare alla realizzazione della *Carte du Ciel*, che consiste nel fotografare tutto il cielo e preparare un catalogo con tutti gli oggetti visibili sulle immagini. Si tratta di un'impresa straordinaria che potrebbe allineare l'astronomia pontificia alle attività dei grandi

---

[66] S. Maffeo, 1991, *Cento anni di Specola Vaticana*, Pontificia Academia Scientiarum, p. 221

paesi europei. Le gelosie degli astronomi italiani, però, vengono allo scoperto nel Congresso di organizzazione delle attività, dove la Specola Vaticana avanza la propria candidatura per la partecipazione e sulla quale il rappresentante italiano Tacchini commenta acido "Pur vivendo a Roma, non sono a conoscenza della esistenza di un Osservatorio Vaticano". Tacchini non è un semplice astronomo italiano ma è il Direttore di quello che è stato l'Osservatorio di Padre Secchi e che il Governo unitario ha ribattezzato come Regio Osservatorio del Collegio Romano; tuttavia, nonostante la sua opposizione isolata, la partecipazione della Specola Vaticana viene accettata e Denza si mette immediatamente al lavoro per trovare la sistemazione dello speciale telescopio, chiamato appropriatamente *Carte du Ciel,* necessario all'impresa.

Risulta immediatamente chiaro che la Torre dei Venti è troppo angusta allo scopo e, d'altra parte, non ci sarebbe neppure il tempo per costruire un nuovo osservatorio, perché l'impresa internazionale impone delle tempistiche precise, per cui l'unica possibilità che Padre Denza vede è quella di utilizzare la Torre S. Giovanni, una delle Torri che, 1000 anni prima, Papa Leone IV aveva fatto costruire per difendersi da un possibile attacco dei pirati saraceni. La scelta sembra eccellente: la torre è alta 20 metri e la sommità è abbastanza ampia per ospitare il nuovo telescopio e poi le mura, per ovvi motivi, sono così solide che tutta la struttura risulta estremamente stabile. L'unico problema è che la torre leonina è il luogo scelto da Leone XIII per trascorrervi i giorni più caldi dell'estate e attorno al quale ha impiantato una piccola vigna che cura personalmente. Ma la causa è così importante che il papa accetta di trasferirsi in un'altra torre per far posto alla scienza.

Comincia così l'avventura della *Carte du Ciel* che, anche se non vedrà mai il completamento, realizza però l'obbiettivo di consolidare l'astronomia del Vaticano, ma che ha anche la conseguenza di far nascere nuove esigenze negli astronomi del Papa che vogliono mantenersi al passo con l'avanzare della ricerca nel resto del mondo.

C'è, per esempio, Padre Johann Hagen, gesuita che nel 1906 lascia l'Osservatorio di Georgetown a Washington per venire a dirigere l'Osservatorio Vaticano e che vorrebbe continuare la sua ricerca sulle stelle variabili, ma questo richiede ulteriori spazi per montare un nuovo telescopio. Il Santo Padre, Pio X, senza farsi troppo pregare, cede all'Osservatorio la seconda Torre della cinta leonina, la più vicina alla Torre dei Venti, e nella quale Leone XIII ha fatto dipingere sulla volta il cielo stellato di Roma al momento della culminazione della "sua" costellazione, quella del Leone, appunto. Di lì a poco anche l'ultima Torre leonina, più piccola delle altre e che si trova a metà strada fra le due maggiori, passerà alla Specola per ospitare il piccolo telescopio rifrattore Merz, fino a questo momento collocato sulla Torre dei Venti.

È segno della attenzione verso l'astronomia dei Pontefici che si sono succeduti nell'ultimo mezzo secolo, se nel 1910 l'Osservatorio pontificio è arrivato a occupare un posto fisicamente di rilievo nella Città del Vaticano, dislocato com'è lungo un percorso di diverse centinaia di metri lungo la cinta muraria della città leonina. La curiosità del Santo Padre si manifesta anche in occasione dell'apparizione della cometa di Halley: il 28 maggio del 1910 Pio X sale all'Osservatorio per mettere l'occhio al telescopio e, a dire la verità, resta abbastanza deluso, perché gli sembra che lo spettacolo non valga il clamore che se ne fa sulla stampa. E bisogna dire che, in effetti, qualcuno deve avere esagerato, almeno a giudicare dall'inserzione pubblicitaria che appare sul Corriere della Sera del 17 maggio, nella quale viene reclamizzata la "Bottiglia Michelin", contenete "aria purissima" per permettere di respirare quando "i miasmi pestiferi della Cometa di Halley" invaderanno la Terra e, nel caso le parole non bastassero, l'immagine mostra una vecchia signora rantolante a terra, un cane che abbaia disperato al suo padrone e un uccello a terra oramai stecchito, mentre un ragazzino, che respira l'aria della bottiglia Michelin, si gode la scena.

I giardini del Vaticano proteggono l'Osservatorio per una ventina di anni lasciandolo nella oscurità necessaria agli astronomi per osservare il cielo finché, all'inizio degli anni '30, ci si rende conto che la crescita della città di Roma richiede che l'Osservatorio venga trasferito fuori città e, nel 1935, Pio XI inaugura la nuova Specola di Castelgandolfo. Sul muro sud dell'Osservatorio, prendendo spunto dalle parole dei Magi nel Vangelo di Matteo *"Dove è il re dei Giudei che è nato? Abbiamo visto sorgere la sua stella e siamo venuti per adorarlo"*, viene affissa la targa *Deum Creatore, Venite adoremus* che, ancora oggi, sposa la scienza con la mistica del cielo.

Il secolo nuovo

Quanno me godo da la loggia mia
quele sere d'agosto tanto belle
ch'er celo troppo carico de stelle
se pija er lusso de buttalle via,
ad ognuna che casca penso spesso
a le speranze che se porta appresso.
Trilussa 1871-1950

Roma nel Novecento è una città che sembra obbligata a essere moderna. Sente il fascino del nuovo secolo, il secolo della modernità, dell'elettricità e dei trasporti veloci, ma si tratta di una modernità che a Roma non si percepisce molto e che, anzi, quasi incombe sui romani, costretti come sono a misurarsi con la vita che conducevano nel vecchio stato pontifico, non così lontano nella loro memoria, e con la vita nel nuovo stato unitario, non così vicino nel loro vivere quotidiano. Da quando i bersaglieri sono entrati a Porta Pia, la gente di Roma si sente attraversata dalla storia del mondo, una storia fatta di intemperanze, di creatività, di cultura e di coraggio, e non sempre se ne sente all'altezza.

In Italia e in Europa si ha la sensazione che, per la prima volta, il futuro non sia più in una prospettiva lontana, ma che esso sia già arrivato e oramai quasi si confonda con il presente. A Parigi, Georges Méliès gira il primo film di fantascienza, quel *Voyage dans la Lune* nel quale si immagina di inviare gli astronauti, sia pure vestiti con cilindro e marsina, sparando con un grosso cannone il razzo che li trasporta e, contemporaneamente, Camille Flammarion si dedica alla divulgazione dell'astronomia, mantenendosi spesso sul confine con la fantascienza. Anche in Italia si pubblica *La fine del mondo,* un romanzo di *fantascienza futurista,* nel quale l'autore, Volt (uno pseudonimo che è tutto un programma), immagina una guerra con gli abitanti del pianeta

Giove mentre un astronomo, Mentore Maggini, si dedica alla divulgazione, non priva di riferimenti fantastici.

È nel Novecento che Einstein rivoluziona i concetti di spazio e di tempo e li fonde in una grandezza nuova, lo spazio-tempo, e contemporaneamente in Italia i futuristi capiscono che diventa necessario rappresentare la velocità in modo che Tempo e Spazio riformati costituiscano il nuovo ambiente fisico e mentale dell'uomo della Terza Epoca.

Ma a Roma l'Ottocento sembra ostinatissimo a resistere. Ci sono delle personalità come Levi-Civita e Volterra che, essenzialmente nel campo della Matematica, contribuiscono all'affermazione delle idee che si stanno sviluppando nel resto dell'Europa, ma si tratta di eccezioni. L'astronomia romana, in ogni caso, sembra non essere neppure sfiorata dal vento del secolo nuovo. In America Hubble compie una scoperta sconvolgente, osservando al telescopio che l'Universo si sta espandendo e aprendo la strada a quelle domande che neppure oggi abbiamo metabolizzato: "dove e per quanto tempo si espanderà?" e "*prima* cosa c'era?", mentre l'immagine degli astronomi romani del '900 assume inequivocabilmente i colori ocra del dagherrotipo e tutta l'ingenua fissità dei ritratti dei nostri nonni, senza lasciarsi mai sfiorare dalla tentazione di sorridere, timorosi come sono di perderci in serietà.

L'antico Osservatorio del Collegio Romano, che durante gli ultimi anni di vita di Secchi è andato declinando rapidamente, è oramai ridotto a un'appendice dell'Ufficio Centrale di Meteorologia creato nel 1879 dal Governo, immediatamente dopo la scomparsa di Secchi, proprio nei luoghi che avevano visto, quasi tre secoli prima, la nascita dell'astronomia a Roma.

La volontà di far dimenticare il vecchio Osservatorio Pontificio è abbastanza trasparente e fa seguito all'espulsione dell'ultimo allievo di Secchi, Padre Stanislao Ferrari, che cerca di ricevere la solidarietà degli astronomi europei pubblicando una lettera aperta, nella quale descrive i fatti che gli sono capitati:

"Stimatissimi Colleghi" scrive " avrete oramai saputo dai giornali che il 2 del mese corrente (giugno 1879) per ordine del Ministro della Pubblica Istruzione, alcune guardie di polizia mi hanno messo alla porta dell'Osservatorio del Collegio

Romano; di conseguenza non posso più esercitare le funzioni di Direttore dell'Osservatorio"[67].

Non si sa chi lo abbia nominato Direttore, ma è certo che Ferrari si sente l'erede di Padre Secchi e tenta di creare un altro Osservatorio nella parte laica della città, precisamente a Villa Cecchina in quella che è oggi la Curia Generalizia dei Gesuiti, e lo dota di un telescopio di discreta qualità acquistato a sue spese.

L'iniziativa però non ha successo, perché il Direttore dell'Osservatorio Pontificio, Padre Francesco Denza, non vede di buon occhio questa piccola specola che, in qualche modo, sembra voler fare concorrenza all'Osservatorio che egli sta intanto costruendo sulle Mura Leonine, per cui Padre Ferrari, cacciato dagli Italiani e trascurato dal Vaticano, si ritrova dopo pochi anni sommerso dai debiti e, alla fine, è addirittura costretto a lasciare l'ordine; muore, poverissimo, a Parigi. L'unico ricordo che resta dell'Osservatorio di Villa Cecchina è il basamento dove era appoggiato il telescopio, che ora sorregge la statua del Redentore che accoglie i visitatori all'ingresso della Curia.

Contemporaneamente alla cacciata di Padre Ferrari, nel maggio 1879, il Governo nomina Direttore dell'Ufficio di Meteorologia Pietro Tacchini, il quale non solo è un esperto astronomo, ma è anche stato amico personale di Secchi e fa tutto quello che è nelle sue possibilità per avere cura del vecchio Osservatorio dei Gesuiti, ma, come dichiara sconsolato nel 1901 alla vigilia del suo ritiro in pensione, "...l'Osservatorio e il Museo rimasero in condizioni peggiori di prima"[68] nonostante nel 1891 sia passato sotto la giurisdizione del Ministero della Pubblica Istruzione. Lo sconforto di Tacchini è ben motivato, perché il personale addetto conta solamente un astronomo e un assistente, mentre i fondi per il funzionamento non superano un terzo di quelli necessari. A essere precisi esiste un ulteriore motivo di disappunto che Tacchini, nella sua relazione di una diecina di pagine, trova modo di precisare quattro o cinque volte e cioè "...io non ebbi, né ho tuttora, stipendio alcuno come Direttore...".

---

[67] S. Ferrari, 1879, in *"Continuazione del Bullettino Meteorologico dell'Osservatorio del Collegio Romano"*, Vol. 6, num. XVIII
[68] P. Tacchini, 1901, in *"Memorie del R. Osservatorio del Collegio Romano"*, serie III, vol. I, p. VIII

L'Osservatorio del Collegio Romano così si trascina stancamente in un'attività che non può che essere di routine, come conferma indirettamente il puntiglio con il quale Tacchini elenca le osservazioni fatte:

"...osservazioni spettroscopiche del bordo solare... eseguite in 1925 giornate... In questi 1925 bordi sono comprese 17678 protuberanze solari, di cui si fece il disegno e si determinò la posizione..."

È durante la direzione di Tacchini che nasce la questione del *Museo Astronomico e Copernicano,* luogo invisibile dell'astronomia romana per eccellenza.

L'idea di istituire un Museo al Collegio Romano che potesse rinnovare almeno il ricordo del Museo del vecchio Kircher era ben presente a Padre Secchi, il quale si rendeva conto di trovarsi a vivere nell'ultimo scorcio dei tre secoli di vita del Collegio, durante i quali si erano accumulate le testimonianze dello studio del cielo che i Padri Gesuiti avevano compiuto in quegli ambienti. Inoltre, da quando era stato realizzato l'Osservatorio su S. Ignazio, la Torre Calandrelli rimaneva inutilizzata, per cui Padre Secchi pensava di utilizzare la Torre per ospitare i telescopi storici del Collegio e arrivare così a costituire un primo nucleo di Museo Astronomico.

Gli eventi della storia tuttavia si succedono così rapidamente che, al suo arrivo, Tacchini trova la Torre Calandrelli in pessimo stato e il Museo ancora allo stadio di idea.

Il processo di nascita del Museo ha un'accelerazione nel 1882, quando il Ministero dell'Istruzione cede al Ministero dell'Agricoltura la raccolta di cimeli copernicani raccolti da uno storico polacco esule in Italia, Arturo Wolynski, in occasione delle celebrazioni del 1873 per il IV centenario della nascita di Nicola Copernico e per la quale non era stato possibile trovare una collocazione.

Tacchini si rende conto che l'idea di un Museo Copernicano risulterebbe limitativa e coglie l'occasione per riprendere in mano l'idea di Secchi e per ottenere dal Ministero il finanziamento per creare un Museo Astronomico e Copernicano, nel quale confluiscano i reperti raccolti da Wolynski e quelli della astronomia romana. L'impegno di Tacchini porta a un risultato modesto per quanto riguarda gli spazi "...le luride soffitte... furono convertite in decenti locali..." e la remunerazione del Direttore "...dirigendo io gratis l'Osservatorio, dovevo pure occuparmi del Museo senza compenso alcuno..."[69], ma il risultato culturale è di valore storico. Al nucleo originale della collezione copernicana e di quella del Collegio Romano, infatti, si aggiungono le collezioni di Virgilio Spada, gli strumenti dell'Osservatorio Caetani, quelli di Scarpellini e di molte delle specole romane nate e spente nei secoli. Il Ministero affida poi al Museo due astrolabi arabi acquistati dal Conte Almerico da Schio e dispone che il Museo Pigorini restituisca cinque astrolabi appartenuti alla collezione di Padre Kircher. Inoltre Tacchini si trasforma in un collezionista che frequenta i piccoli negozi di antiquari dell'epoca e acquista "con *pochi mezzi a nostra disposizione... libri, manoscritti e strumenti antichi*"[70], per cui, con l'inizio del secolo nuovo, il Collegio Romano assume, dopo decenni di decadenza, almeno il ruolo di riferimento di conservazione delle memorie della storia gloriosa della astronomia romana.

La guerra dei trenta anni fra Campidoglio e Collegio Romano

Nell'ambito scientifico la tradizione è un'arma a doppio taglio.

In alcune circostanze può costituire il terreno sul quale si innesta l'orgoglio degli scienziati nel tentativo di emulare coloro che li hanno preceduti, mentre, in altre, può trasformarsi in uno schermo per nascondere il proprio isolamento culturale. Questo, purtroppo, è proprio quello che capita all'astronomia romana dell'inizio del '900.

Anche se il declino dell'astronomia è un fatto che si manifesta in tutto il Paese, a Roma è più significativo, perché qui è ancora fresco il ricordo dei lavori di Respighi al Campidoglio e di Secchi al Collegio Romano, i quali, con i pochi mezzi a disposizione, hanno fondato la spettroscopia solare, applicando a un oggetto

---

[69] *ibidem, p. VII*

celeste i principi della fisica osservati in laboratorio. Purtroppo i limitati finanziamenti dedicati all'astronomia vengono dispersi in una quantità di rivoli inconsistenti perché gli Staterelli pre-unitari hanno lasciato l'eredità di piccoli Osservatori che il Governo, per ovvie ragioni di popolarità, esita a chiudere, nonostante Tacchini in persona si impegni in diversi progetti per modernizzare la rete degli Osservatori italiani.

Sia gli astronomi del Collegio Romano che quelli del Campidoglio non possono far altro che dedicarsi alla compilazione di cataloghi di stelle e agli studi delle posizione. Non ci sarebbe niente di male, beninteso, se nel frattempo gli astronomi americani non si dotassero di telescopi grandi 3 o 4 volte quelli ottocenteschi degli astronomi italiani e non fondassero quindi una astronomia che, a parte il nome, ha poco a che vedere con quella dei nostri Osservatori la quale tende a isterilirsi in polemiche che non superano i confini cittadini. A Roma, poi, sede di due Osservatori Astronomici statali, la polemica diventa così acerba che non si esaurisce neppure con la scomparsa dei principali protagonisti.

Il primo sgarbo lo fa un giovane assistente del Collegio Romano, Emilio Bianchi, arrivato a Roma nel 1903 dopo essersi fatto un triennio di gavetta osservativa all'Osservatorio di Carloforte e al quale la Commissione Geodetica Italiana nel 1905 affida il compito di misurare la posizione astronomica di Monte Mario, uno dei caposaldi della rete geodetica in Italia.

Bianchi esegue diligentemente la misura, ma nella relazione finale va al di là del proprio compito e scrive

> "Le osservazioni, complessivamente favorite dal cielo sereno, furono invece gravemente ostacolate dall'abbondante umidità che domina quasi perenne sul colle di Monte Mario. Quasi tutte le sere fu necessario asciugare le lenti fra una osservazione e la successiva..."

L'annotazione non è innocente perché proprio in quel periodo il Direttore dell'Osservatorio del Campidoglio, Alfonso Di Legge, e quello del Collegio Romano, Elia Millosevich, stanno cercando di

---

[70] *ibidem, p. VIII*

trovare i fondi per creare un nuovo Osservatorio di Roma proprio su Monte Mario e l'annotazione appare indubbiamente un colpo a questo progetto. Sul momento non viene dato molto peso a questo aspetto della relazione di Bianchi: la situazione economica è così critica che nessuno pensa veramente di riuscire a trovare i fondi per l'impresa e poi, di lì a poco, l'attenzione di tutti si concentrerà sulla guerra che incombe sull'Europa. Il commento di Bianchi, tuttavia, riemergerà negli anni successivi, quando la polemica fra gli astronomi romani diventerà molto più acerba.

Il 1922 è un anno di svolta per le vicende romane, perché in quell'anno vengono messi a concorso tre posti di Direttore di Osservatorio, a Milano, a Roma-Campidoglio e a Roma-Collegio Romano. Risultano vincitori Giuseppe Armellini, che va all'Osservatorio del Campidoglio, Emilio Bianchi, che sceglie la sede di Milano e Giovanni Zappa, che assume la Direzione dell'Osservatorio del Collegio Romano. Quest'ultimo è un giovane brillante e il suo arrivo potrebbe risultare importante per l'astronomia romana, ma soffre di depressioni nervose e, di lì a pochi mesi, decide di togliersi la vita in maniera tragica, ingerendo il mercurio del quale gli Osservatori sono dotati per il funzionamento dei loro pendoli di precisione.

Il Campidoglio visto dal Foro Romano attorno al 1930.
Sono ben visibili, in alto a destra, le cupole
dell'Osservatorio astronomico

Ad Armellini, rimasto così unico Direttore in carica, sembra sia arrivato il momento giusto per risolvere il problema della fastidiosa convivenza dei due Osservatori astronomici romani, intuendo che il clima politico del momento è esposto a una curiosa contraddizione: da una parte è nazionalista e romanocentrico e, dall'altra, non vuole rischiare di confondere la storia di Roma con quella pontificia pre-unitaria.

Armellini sviluppa quindi un piano complesso, che punta in primo luogo alla chiusura dell'Osservatorio del Collegio Romano, angusto e di pontificia memoria e, come secondo passo, alla promozione dell'unico Osservatorio di Roma rimasto al ruolo di Osservatorio Nazionale. Questo Osservatorio, poi, dovrebbe avere sede a Monte Mario, luogo ben visibile dalla città, in modo da soddisfare le ambizioni del Governo che aspira ad accreditarsi come sensibile alle esigenze scientifiche moderne. Non guasta, in questo quadro, l'appoggio che potrebbe offrire all'operazione l'industria nazionale, che vedrebbe la possibilità di partecipare alle commesse che un Osservatorio Nazionale avrebbe sicuramente generate.

Il primo dei due obbiettivi è raggiunto immediatamente: il 31 dicembre 1923 viene pubblicato il Regio Decreto n. 3160, che provvede a riordinare gli Osservatori esistenti e all'articolo 16 recita "Gli Osservatori Astronomici del Collegio Romano e del Campidoglio, attualmente esistenti in Roma, vengono fusi in un unico Osservatorio".

Ad Armellini sembra di aver raggiunto anche il secondo obbiettivo quando il 21 aprile 1925 il Demanio dello Stato cede al Comune di Roma un'ampia zona del Forte di Monte Mario "destinata alla fondazione del nuovo grande Osservatorio nazionale". Dal punto di vista del Comune, affamato di spazi per i propri uffici al Campidoglio, si tratta di un passaggio necessario per potersi riappropriare della Torre occupata dall'Osservatorio.

Sia il Comune che Armellini, però, non calcolano che, mentre si è riusciti a cancellare il Collegio Romano con una legge pubblicata alla vigilia della notte di S. Silvestro, la creazione dell'Osservatorio Nazionale è una questione ben più complessa e il lasso di tempo che l'operazione richiede può risultare sufficiente agli oppositori dell'Osservatorio su Monte Mario per organizzarsi. Il partito anti-Monte Mario coalizza interessi sia politici che scientifici, uniti dal tratto comune di una spiccata antipatia nei confronti di Giuseppe Armellini. Motivazioni di carattere politico sono quelle che animano gli astronomi non romani, i quali non vedono di buon occhio che il Direttore dell'Osservatorio di Roma possa acquisire verso il Ministero un peso che lo porterà a dettare la politica dell'astronomia dei prossimi decenni, mentre le motivazioni scientifiche sono quelle che animano coloro che ritengono l'Osservatorio di Monte Mario diventerà presto inutilizzabile poiché nel giro di pochi anni sarà sovrastato dalle luci della città. La scorza dura del partito che non vuole l'Osservatorio a Monte Mario è tuttavia costituita da quegli astronomi, fra i quali si trova in prima fila Emilio Bianchi, legati sentimentalmente al vecchio Collegio Romano, i quali accusano Armellini di aver usurpato per il Campidoglio il titolo di Osservatorio di Roma.

Il primo argomento utilizzato contro lo spostamento dell'Osservatorio a Monte Mario è di carattere ambientalistico e il solito *Svastica* sul *Giornale d'Italia* del 25 aprile 1925 rassicura i lettori

> "...Ci penserà l'on. Fedele (il Ministro dell'Educazione Pubblica) a non permettere una costruzione che comprometterà la scienza e l'arte. V'immaginate la visibilità di un osservatorio... in piena città con il riverbero di lampade elettriche a milioni...?".

Di fronte a un attacco che chiama in causa direttamente il Ministro, questi non può certo far finta di niente e decide di creare una Commissione di studio che si pronunci sull'opportunità di creare l'Osservatorio di Monte Mario. Armellini e Bianchi, oramai in pessimi rapporti personali, si fronteggiano all'interno della Commissione che, nel frattempo, viene investita da una quantità di lettere di astronomi che vogliono renderla edotta della loro contrarietà all'idea di realizzare l'Osservatorio su Monte Mario.

Si distingue il Presidente della Società Astronomica Italiana, Vincenzo Cerulli, che senza mezzi termini scrive

> "...Per quanta stima io nutra per le attitudini matematiche del Prof. Armellini, altrettanto scarso estimatore devo dichiararmi della sua capacità come astronomo pratico e dei suoi talenti

di organizzatore e dirigente di specole... l'astronomo Armellini non è ancora FORMATO" (maiuscole di Cerulli)[71].

Cerulli non disdegna neppure l'uso del sarcasmo quando si duole di non aver più frequentato Armellini perché

> "Sono sicuro che, se le nostre conversazioni continuavano, non mi sarebbe mancato modo di avviare l'Armellini ad una perfetta ricognizione delle proprie attitudini, per il maggior bene di lui e dell'Astronomia italiana...".

In questo clima la Commissione trova facilmente la concordia di intenti e, in meno di un mese, conclude che Monte Mario non solo non è adatto a ospitare un Osservatorio Nazionale, ma neppure un piccolo Osservatorio che aspiri a fare un lavoro serio. Unico voto contrario, inutile dirlo, è quello di Armellini.

Un altro, al posto di Armellini, avrebbe preso atto dello schieramento unanime dell'astronomia italiana contro la sua proposta e se ne sarebbe fatto una ragione. Ma Armellini è uno che non rinuncia tanto facilmente ai suoi progetti e inizia una politica di *captatio benevolentiae* verso il Governo, ormai Regime, scrivendo articoli di imbarazzante retorica, nei quali si chiede "Si aprirà sul bel cielo di Roma una grande pupilla italiana?" oppure se la prende con i "passati governi democratici... che si mostrarono indifferenti a sfruttare il bellissimo cielo latino..." e conclude che "...fortunatamente quei tempi sono tramontati per sempre e l'Alma Mater risorge ora a nuova vita sotto l'assidua e amorosa cura del Governo Fascista..."[72].

Non è difficile immaginare che, mentre scrive articoli di questo tenore, Armellini stia muovendo tutte le sue pedine al Ministero per ottenere che l'Osservatorio di Monte Mario venga, nonostante tutto, realizzato.

L'attivismo di Armellini deve preoccupare i nemici di Monte Mario, se Pio Emanuelli, astronomo laico dell'Osservatorio del Vaticano, decide di scrivere direttamente a Mussolini per metterlo in guardia dall'errore di costruire un Osservatorio troppo vicino

---

[71] V. Cerulli a A. Garbasso, 9-10-1925, *Archivio Armellini*, Osservatorio Astronomico di Roma
[72] G. Armellini, 1927, *Augustea, Anno III*, N. 16

alla città e, vista l'occasione di potersi rivolgere direttamente al Duce, non sa rinunciare a chiarire che il vero obbiettivo di Armellini è quello di godersi *"una comoda villa"* a Roma *"a spese dello Stato"*[73]. Insomma, non si gioca di fioretto.

Le informazioni che giungono a Mussolini devono essere decisamente qualificate e numerose, perché il Duce in questa faccenda si dimostra particolarmente prudente. Come se non bastassero le pressioni degli astronomi italiani, la questione assume delle connotazioni di politica estera: Franz Fieseler, rappresentante della ditta Carl Zeiss, tenta ripetutamente di vendere un telescopio al nostro Paese. Fieseler colloquia direttamente con Mussolini e, nel corso degli anni, sostiene dapprima la costruzione dell'Osservatorio a Monte Mario e, successivamente, quando il progetto cittadino sembra in difficoltà, sostiene la necessità di costruire un Osservatorio fuori Roma sempre a patto, beninteso, che venga dotato di un grande telescopio per il quale la Zeiss farebbe al Duce un prezzo di favore.

Questa incertezza, lungi dal placare gli animi, genera ulteriori iniziative e Armellini cerca di accreditare la tesi che tutti i Direttori del Collegio Romano, a partire da Secchi, hanno sempre aspirato a spostarsi su Monte Mario[74].

La risposta non si fa attendere, perché Emilio Bianchi accusa l'avversario di giocare sugli equivoci: i Direttori del Collegio Romano avevano richiesto la concessione del "Forte di Monte Mario, Villa Mellini esclusa"[75], proprio la sede che vorrebbe Armellini e che risulta troppo esposta alle luci della città. Per questi motivi, conclude Bianchi,

"agli astronomi del Collegio Romano spetta inequivocabilmente il diritto di considerarsi del tutto estranei ad ogni responsabilità di avallo della pericolosissima cambiale che chiamasi «Osservatorio su Monte Mario in Villa Mellini»..."

---

[73] P. Emanuelli a B. Mussolini, 18-9-1929, *Archivio Armellini*, Osservatorio Astronomico di Roma

[74] G. Armellini, 1930, *L'Osservatorio Astronomico di Roma*, Contributi Scientifici, n. 30

[75] E. Bianchi, 1930, *A proposito del nuovo Osservatorio di Roma*, Biblioteca Osservatorio Astronomico di Brera

Nonostante tutto, Armellini riesce a trovare delle risorse limitate per iniziare la ristrutturazione di Villa Mellini, ma deve abbandonare l'idea dell'Osservatorio Nazionale e non riesce neppure ad arrivare a una semplice inaugurazione dell'Osservatorio a Monte Mario. Bianchi, da parte sua, arriva a suggerire che l'Osservatorio Nazionale veda la luce ad Asmara, sotto il cielo africano,

> "...quel Cielo sotto il quale combatterono e vinsero le eroiche Legioni nostre alla conquista dell'impero Mussoliniano..."[76].

Attorno a motivazioni di questa natura si svolge il dibattito fra gli astronomi dell'epoca e, come è facile immaginare, gli anni '30 trovano che la partita sull'Osservatorio a Monte Mario è in stallo.

Probabilmente la situazione permarrebbe in questo stato ancora a lungo se non intervenisse a sparigliare le carte nientedimeno che la visita di Adolf Hiltler a Benito Mussolini nel maggio del 1938.

Siamo alla vigilia della guerra e tutto si potrebbe immaginare a parte il fatto che i due dittatori trovino modo di parlare di astronomia. Il fatto è che, nella rincorsa a sollecitare le ambizioni del regime, sia Armellini che Bianchi si sono spinti a scrivere ripetutamente che lo sviluppo dell'astronomia in Italia richiede la creazione di un'industria ottica nazionale in grado di costruire quei telescopi dei quali da tempo si parla. Non è detto che l'idea degli astronomi italiani sia sbagliata in assoluto, ma lo stile dell'epoca è quello che è: non si prepara un piano industriale né tanto meno si prevede una linea di finanziamento nel bilancio statale. Quello che si fa è annunciare che la Patria richiede un impegno di questa natura che, peraltro, "la bellezza del nostro Cielo" merita ampiamente.

È naturale che l'industria tedesca, e in particolare la Zeiss, veda l'eventuale nascita di una concorrente europea come il fumo negli occhi e, vista l'insistenza delle voci che si rincorrono, suggerisce al Führer di smorzare queste velleità degli alleati italiani.

---

[76] E. Bianchi, 1936, L'ottica e l'astronomia, CNR, Biblioteca Osservatorio Astronomico di Brera.

Hitler è a sua volta orgogliosissimo dell'industria ottica tedesca, tanto è vero che ha elevato le industrie ottiche Karl Zeiss al grado di Istituzione di Stato, per cui, senza lasciar trapelare nessuna anticipazione, durante la sua visita, sfodera un grande album di pelle con impresso in oro l'emblema del Reich e lo porge al Duce il quale viene così a conoscenza che il popolo tedesco dona al popolo italiano, "che diede al mondo l'insigne scienziato e grande inventore Galileo Galilei"[77], un Osservatorio Astronomico completo, costituito da tre grandi telescopi e da tutto il corredo di strumentazione ausialiaria.

Già che ci si trova, Hitler chiede a Mussolini un piccolo favore in cambio: si tratta del discobolo Lancellotti, copia di epoca romana dell'originale greco, che Hitler ha fatto acquistare, perché lo ritiene l'emblema della razza e del quale il Ministro Bottai si ostina a bloccare l'esportazione. Inutile dire che da lì a poco l'autorizzazione viene concessa.

Probabilmente tutti si rendono conto che il gesto di Hitler è di fatto uno schiaffo, perché mette a nudo che mentre in Italia ci si limita ad auspicare la nascita di una industria ottica, la Germania è in condizioni di regalarci un intero Osservatorio nazionale. Gli astronomi italiani, però, decidono di fare buon viso a cattivo gioco, anche perché, in questa maniera, Mussolini è in grado di accontentare tutti: Armellini avrà il permesso di inaugurare il suo Osservatorio a Monte Mario e Bianchi avrà il suo Osservatorio Nazionale a una trentina di chilometri dalla città. Vengono così bruciati i tempi: il 25 maggio Bianchi è nominato Delegato del Duce per l'Osservatorio del Tuscolo, il 21 novembre viene pubblicato il decreto per lo stanziamento dei fondi mentre il 28 ottobre Armellini può finalmente inaugurare l'Osservatorio di Monte Mario.

Tutti soddisfatti quindi? Non proprio, perché il conto da pagare, anche a livello di coscienza personale, arriva di lì a poco. Si tratta delle disposizioni sulla tutela della razza, emanate per acconten-

---

[77] Archivio del Ministero degli Esteri, Viaggio di Hitler a Roma, A.P. 1931-45, Busta 49

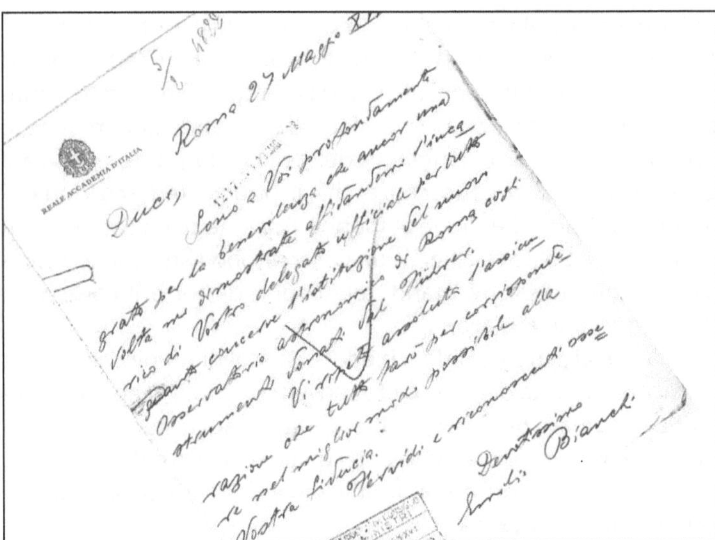

La lettera con la quale Emilio Bianchi accetta la nomina
di Delegato del Duce per la istituzione dell'Osservatorio
del Tuscolo, 27 Maggio 1938

tare chi ci fa quei ricchi regali, che coinvolgono tutto il Paese, ma
che in un istituto come l'Osservatorio di Monte Mario costituito
da un pugno di persone, suonano, se possibile, ancora più odiose.
In una circolare del Ministero della Educazione Nazionale, per
esempio, viene ribadito che gli studenti di razza ebraica non sono
ammessi a frequentare nessun corso di istruzione e che quegli
studenti che hanno già iniziato gli studi universitari e che si siano
mostrati meritevoli di borse di studio o di premi non possono
"godere di ulteriori benefici" oltre a quello, concesso in via eccezionale, di poter terminare gli studi iniziati[78]. A questa circolare,
diretta anche al Direttore dell'Osservatorio, viene fornita la risposta burocratica "...si pregia assicurare della esatta osservanza delle
norme impartite", come se si trattasse di una disposizione sulle
vacanze di Natale.

Fermi ha ricevuto da poco il Premio Nobel, Gamow sta per
spiegare come facciano le stelle a splendere per miliardi di anni e

Il Ministro Bottai alla inaugurazione dell'Osservatorio
di Monte Mario, il 28 Ottobre 1938

alcuni dei nostri astronomi sono costretti a interessarsi di tutela della razza e, purtroppo, qualcuno va anche oltre a quello che viene richiesto dalle circolari ministeriali. Un astronomo di Monte Mario, per esempio, si distingue con un articolo su *La Tribuna* nel quale, dopo aver spiegato che fortunatamente l'astronomia è una delle scienze meno contaminate dal giudaismo, raccomanda tuttavia che venga esercitata la massima vigilanza perché si potrebbero trovare degli ariani (dei "negri" come vengono chiamati nell'articolo) disposti a pubblicare con il loro nome i concetti che gli ebrei tentano di infiltrare nella scienza[79].

---

[78] Circolare Min. Educazione Nazionale Prot. 7025, 11 Febbraio 1939, Archivio Osservatorio Astronomico di Roma
[79] *La Tribuna* 18 Dicembre 1938

L'Osservatorio del Tuscolo

L'Astronomia italiana è compatta: i Direttori degli Osservatori Astronomici italiani si ritrovano a Milano in occasione della riunione del Comitato Nazionale per l'Astronomia e la Geodesia, del quale Emilio Bianchi è presidente, e inviano al Capo del Governo un messaggio di entusiastica adesione al progetto di, "dare finalmemente a Roma un Osservatorio moderno" e, a scanso di equivoci, ribadiscono l'"inopportunità di erigere un Osservatorio Astronomico a stretto contatto dell'Urbe"[80].

La polemica verso Armellini e verso il "suo" Osservatorio di Monte Mario, evidentemente, non si può considerare archiviata, anche perché il documento porta la firma di tutti i Direttori italiani, escluso naturalmente Armellini.

Con questo viatico Bianchi inizia con grande energia le attività per la costruzione del "vero" Osservatorio di Roma. Resiste a una serie di polemiche che vorrebbero l'Osservatorio sul Monte Gennaro, chiarisce che la volontà del Duce è che l'Osservatorio sorga in vista di Monte Porzio Catone (e che risulti visibile da Roma, anche se quest'ultimo requisito non è in effetti mai reso esplicito) e affida l'esecuzione del progetto agli ingegneri Alberto Cugini e Giovanni Sacchi di Milano i quali immaginano un complesso di edifici con forti richiami alla monumentalità romana filtrata attraverso le atmosfere del '900 e sui quali è facilmente rintracciabile l'influenza di Marcello Piacentini, che ha appena realizzato l'Università di Roma.

Il cantiere viene aperto nel novembre del 1939 con l'obbiettivo di inaugurare l'opera in occasione della Esposizione Universale che dovrà celebrare il ventennale del 1942, anche perché Hitler ha promesso a Mussolini che avrebbe atteso quella data per scatenare la guerra. Bianchi procede con grande determinazione: discute minuziosamente ogni dettaglio del progetto, affronta con cipiglio le questioni dei confini fra l'Osservatorio e il Convitto Nazionale e ha quasi un alterco con il Direttore dei lavori che ha eseguito la gettata per le fondamenta senza la sua preventiva autorizzazione, tutto con l'obbiettivo di rispettare la tempistica dei lavori, visto che, da parte loro, i tedeschi stanno rispettando

---

[80] E. Bianchi: 19 Novembre 1938, *Il nuovo Osservatorio Astronomico nazionale del Tuscolo a Roma*, Archivio Osservatorio Astronomico di Roma

rigorosamente la loro e già nell'agosto del 1940 iniziano la spedizione delle cupole dell'Osservatorio.

Armellini nel 1939 appare fuori gioco. Tenta di farsi notare al Ministero pubblicando un libretto di presentazione dell'Osservatorio di Monte Mario e rispondendo puntualmente alle varie circolari che il Ministero stesso gli invia, il cui contenuto sembra l'unica spia dei brutti tempi che si stanno avvicinando: vengono richieste assicurazioni sull'appartenenza alla razza italiana e sulla fede fascista dei dipendenti, viene ribadito l'obbligo dell'osservanza dell'abolizione della stretta di mano e dell'uso del "Lei", si ricorda che è obbligatorio usare esclusivamente timbri fatti con materiale autarchico e viene proibito l'uso della nafta per il riscaldamento, e di tutte queste disposizioni viene assicurata la "esatta osservanza".

L'Osservatorio del Tuscolo, invece, gode di una corsia preferianziale per cui, nonostante le ristrettezze che l'avvicinarsi della guerra impone, i lavori procedono. L'impressione è che Bianchi creda non solo che l'Osservatorio verrà ultimato rapidamente, ma anche che sarà possibile utilizzarlo a livello scientifico, tanto è vero che si preoccupa di far emanare le disposizioni relative alla creazione di una *zona di rispetto*, un'area cioè all'interno della quale siano vietate nuove costruzioni e, sebbene si siano successivamente verificati un certo numero di abusi, il Comune di Monteporzio può ancora oggi ringraziare l'esistenza di queste norme se la zona del Tuscolo prospiciente alla città di Roma resta una delle aree verdi più belle dei Castelli Romani.

Bianchi si occupa di qualunque faccenda possa rallentare l'esecuzione del progetto e, nei casi più difficili, non esita a rivolgersi direttamente a Mussolini, come quando sollecita che, nonostante le restrizioni imposte dalle autorità militari, venga assicurata al cantiere la fornitura del ferro e del cemento necessari per la costruzione, poiché i tedeschi sono pronti a inviare almeno un telescopio e le tre cupole previste. Ci sono problemi analoghi per gli automezzi, anche questi requisiti e senza i quali la Ditta non può seguitare i lavori.

In questo procedere di attività arriva, come un fulmine a ciel sereno, il 5 agosto del '41 la lettera inviata da Bianchi al segretario particolare del Duce, De Cesare, la quale inizia informandolo che gran parte del materiale atteso dalla Zeiss è giunto a Monte Porzio e che un tecnico tedesco sta procedendo al montaggio, e poi prosegue

"Da otto mesi e mezzo sono a letto causa una grave bronchite che ebbe ripetute complicazioni renali, complicazioni circolatorie, con conseguenti anomalie cardiache... In queste condizioni io non posso adempiere agli obblighi che mi derivano dall'incarico affidatomi dal Duce..."

Non si può comprendere il senso di queste dimissioni senza tentare di rintracciare fra gli elementi della vita ufficiale di Emilio Bianchi, contraddistinta dal successo accademico e politico, gli aspetti della sua vita privata, che sembrano fare da contrappeso ai primi. Nel 1936 ha perduto la prima delle due figlie, Josè, a seguito di una setticemia. Bianchi è attaccatissimo a questa figliola, ma deve farsi forza perché sua moglie rischia di non superare quell'evento e, da quel momento, ne resta segnata. La situazione precipita a dicembre del 1939, quando sembra che anche la seconda figlia, Antonietta, stia per soccombere a un attacco di nefrite e, sebbene la ragazza riesca poi a riprendersi, la moglie di Bianchi, sopraffatta dalle emozioni, muore dopo non molto. Apprendiamo dalla lettera di Bianchi che è immediatamente dopo la scomparsa della moglie che egli cade ammalato e, dopo otto mesi di malattia, il suo organismo risulta così debilitato da costringerlo a dimettersi da quell'incarico che aveva perseguito almeno per gli ultimi vent'anni della sua carriera.

Emilio Bianchi muore l'11 settembre del 1941, a un mese dalle sue dimissioni, a seguito di complicazioni cardiache. Una scomparsa che una volta si sarebbe definita come dovuta al dispiacere e che ci restituisce il tratto umano di una persona conosciuta solo attraverso i documenti ufficiali improntati allo stile dell'epoca, quanto mai lontano dalle nostre sensibilità attuali.

Alla scomparsa di Bianchi l'edificio principale è in fase avanzata. I giornali nazionali magnificano l'opera, ancora una volta attraverso un'insopportabile retorica che rivela quanto ambigue siano state le motivazioni che hanno portato alla realizzazione dell'Osservatorio del Tuscolo[81].

---

[81] *Il Messaggero*, 9-1-1941: *"...questa zona dei Colli Laziali, così bellamente ingemmata dal soffio del Creatore e dal Genio degli artisti maggiori del Cinquecento e del Seicento, si renderà ancora più desiderata allo studioso che vuole guardare in alto, fra gli astri, a penetrare nei misteri più volte millenari..."*

Il Genio Civile si sta preoccupando ormai di trovare in loco degli scalpellini in grado di realizzare i fregi previsti, in modo da evitare i rischi del trasporto. L'incarico della direzione dell'Osservatorio Nazionale del Tuscolo è più ambito che mai, in particolare da Armellini, che cerca di muovere per questo scopo le sue amicizie, ma Mussolini si affida a Giorgio Abetti, direttore dell'Osservatorio di Arcetri e uno dei pochi astronomi dell'epoca che abbia esperienza internazionale, avendo trascorso un lungo periodo di lavoro negli Stati Uniti.

Anche se ormai non si parla più delle celebrazioni per il ventennale della Marcia su Roma, tuttavia il 4 Gennaio del 1943 il segretario Nicolò De Cesare è in grado di informare il Ministero che tre cupole inviate, secondo gli accordi, dalla Germania sono state montate a Monte Porzio.

I rapporti fra l'Osservatorio del Tuscolo e la Carl Zeiss corrono paralleli a quelli fra l'Italia e la Germania: i nostri fanno l'impossibile per mantenere le tempistiche alle quali si sono improvvidamente impegnati e gli alleati tedeschi ci trattano con altezzosa superiorità. I telescopi sono pronti per essere spediti, ma un funzionario della Zeiss fa presente ad Abetti di avere

"appreso dai nostri montatori che un certo numero di montanti delle armature sono incastrate nella muratura della cupola e che le pareti di questa non sono intonacate e verniciate. Secondo la nostra esperienza non è consigliabile di montare il rifrattore prima che questi lavori siano compiuti"[82].

Si tratta di una scusa perché i lavori sono di semplice esecuzione, ma il funzionario non perde l'occasione per bacchettare il Direttore italiano.

Siamo oramai nel maggio del '43 e il linguaggio freddo della burocrazia sostituisce quello della retorica. Da questo momento è sufficiente guardare i messaggi che si scambiano il Direttore Abetti, l'ingegnere del Genio Civile, Leoni, e la Ditta incaricata della costruzione, Mascetti, per cogliere, attraverso il susseguirsi

---

[82] Lettera di König ad Abetti del 13 maggio 1943. Archivio di Stato. Catalogo 313, Busta 218

degli eventi dell'Osservatorio del Tuscolo, lo sfondo tragico di quelli della storia italiana.

12 febbraio: "...avendo la ditta Mascetti subita la requisizione di cinque autocarri, non ha al presente alcuna possibilità di effettuare il trasporto dei materiali occorrenti ai lavori, ciò che potrà determinare in brevissimo tempo una sospensione dei lavori...", firmato Leoni

29 luglio: "...tutto il personale adibito ai lavori del cantiere di Monte Porzio per l'Osservatorio Astronomico è stato requisito e pertanto da domani i lavori di cui sopra dovranno sospendersi...", firmato Mascetti

14 agosto: "Caro ing. Leoni, con animo straziato apprendiamo notizie delle nuove rovine..." firmato Abetti

4 settembre: "... oggi i locali del I piano Edificio Principale dell'Osservatorio al Tuscolo, sono stati occupati dalle truppe tedesche e con loro autocarri il terreno adiacente...", firmato Mascetti.

Giuseppe Armellini
nel 1953

Emilio Bianchi
nel 1938

20 settembre: "... abbiamo saputo che alcuni locali del costruendo Osservatorio Astronomico sono stati occupati dai sinistrati di Frascati...", firmato Mascetti

19 ottobre: "... si sta asportando dai Tedeschi il legname da costruzione e si stanno vuotando gli edifici dell'astrografo e della portineria...", firmato Mascetti

21 febbraio '44: "...nell'ultimo bombardamento della zona tuscolana è stato colpito anche il cantiere dell'Osservatorio Astronomico...", firmato Mascetti

21 settembre '44: (dopo che le truppe tedesche hanno trafugato la grande cupola nel Maggio precedente) "...i furti dei materiali in opera si susseguono nella notte... ieri l'altro sono stati messi in fuga degli individui che tentavano di asportare dei mattoni...", firmato Mascetti.

La fine del conflitto, insomma, trova l'Osservatorio di Monte Porzio in totale abbandono, privo di qualsiasi attrezzatura e, sopratutto, privo di prospettive scientifiche. L'Istituto, nato per ospitare gli strumenti del Führer, non ha di fatto più ragione di essere e Armellini ha così l'occasione di prendersi una tardiva rivincita verso tutti i suoi colleghi che hanno ostacolato per quasi trenta anni i suoi disegni e ottiene dal Governo un decreto che stabilisce che

"L'Osservatorio Astronomico di Monte Porzio cessa di essere autonomo e viene aggregato all'Osservatorio di Roma (Monte Mario)"[83].

La condizione dell'Osservatorio del Tuscolo è disperata: non c'è più traccia delle due cupole minori che, pure, secondo il messaggio di De Cesare del gennaio '43, risultavano già montate. La cupola principale è stata smontata dopo l'8 settembre di quell'anno e spedita in Germania. Degli strumenti, neppure a parlarne: i telescopi non sono stati inviati con la scusa dei ritardi degli italiani nella edilizia e alcuni strumenti accessori sono stati puntualmente impacchettati e rispediti in Germania.

---

[83] D. L. n. 481 del 16 Aprile del 1948

Armellini, da acerrimo nemico qual era, si trasforma nell'unica persona che tenta di salvare l'Osservatorio del Tuscolo dal degrado, difendendolo su diversi fronti. Si tratta, per esempio, di opporsi alle pretese dei proprietari dei terreni circostanti che, dal loro punto di vista, si sono visti privare del diritto di costruzione a tutela della zona di rispetto dell'Osservatorio che ora, secondo loro, non ha più ragione di essere. C'è da far fronte alla richiesta di risarcimento della Ditta Mascetti per aver subito il furto di notevoli quantità di materiali, ma c'è soprattutto la necessità di provvedere alla copertura dell'edifico principale per evitare che la pioggia e le intemperie finiscano col distruggere quanto è stato realizzato con tanto sacrificio.

L'atteggiamento di Armellini in quest'opera meritoria a volte appare disarmante, quasi non si renda conto del nostro *status* di Paese sconfitto, come quando viene ritrovata in Germania la grande cupola di Monte Porzio e, siccome la cupola risulta seriamente danneggiata e la zona del ritrovamento è sotto il controllo delle autorità francesi, Armellini suggerisce alle autorità italiane di chiedere al Governo francese il risarcimento dei danni... Naturalmente la richiesta non ha seguito, tuttavia Armellini riesce a ottenere dallo Stato Italiano l'impegno per terminare l'edificio, compreso il restauro della grande cupola che era stata riportata, sia pure in pessime condizioni, a Monte Porzio.

Un punto positivo è che il Governo è riuscito nel frattempo a far rientrare in Italia il Discobolo Lancellotti, oggetto di uno scambio improprio e oggi visibile nella sede di Palazzo Massimo del Museo Nazionale Romano.

I luoghi dell'astronomia a Roma: oggi

A Roma, dopo la guerra, non ci sono soltanto gli edifici da ricostruire. I rapporti con il mondo esterno mettono impietosamente a nudo l'isolamento nel quale è vissuta l'astronomia italiana negli ultimi decenni. L'astronomia romana non fa eccezione, e il fatto di dover badare a due edifici distanti una trentina di chilometri uno dall'altro non è un vantaggio, ma costituisce semmai una palla al piede per il suo sviluppo. L'attenzione di Armellini è concentrata su Monte Mario e, quando ragiona di sviluppo, pensa alla costruzione della Torre Solare che, da metà degli anni '50, diventa parte integrante del panorama cittadino, e alla realizzazione della Stazione Osservativa di montagna a Campo Imperatore. È chiaro che, di fronte a questi impegni, l'Osservatorio di Monte Porzio passa inevitabilmente in secondo piano.

D'altra parte, la comunità astronomica italiana non è più quella dell'immediato dopoguerra e l'idea di collocare a Monte Porzio un telescopio oramai senza prospettive scientifiche incontra notevoli resistenze. I giovani astronomi, che si sono formati alla scuola di Rosino a Padova, di Righini a Firenze, di Occhialini a Milano, di Scarsi a Palermo e di Gratton a Roma, si sentono parte della grande Scuola di Fisica italiana, vedono l'Universo come un normale laboratorio, solo un po' più grande, e pensano che le risorse che lo Stato dedica all'astronomia vadano utilizzate per sviluppare quei programmi che si confrontano sul piano internazionale, quello che la nuova generazione di astronomi frequenta quotidianamente.

Quando, nel 1957, Armellini lascia la Direzione, l'Osservatorio di Roma dispone della sede di Monte Mario, dotata della Torre Solare e del vecchio telescopio Steinheil-Cavignato ereditato dal Collegio Romano, della stazione osservativa di Campo Imperatore, per la quale si sta costruendo un telescopio, e della sede di Monte Porzio.

La stazione di Campo Imperatore, proprio di fronte all'albergo nel quale è stato detenuto Mussolini, nasce con l'idea di contribuire a promuovere lo sviluppo dell'Abruzzo, dopo che questa regione è stata provata tanto duramente dalle vicende belliche. Per questo motivo Armellini riesce a ottenere l'accesso ai fondi del Piano Marshall per la realizzazione del telescopio. Si tratta di un telescopio di tipo Schmidt, cioè capace di osservare regioni di cielo particolarmente ampie, ed è di tutto rispetto per l'epoca, ma è evidente che solo le parti meccaniche possono essere costruite in Italia e che lo specchio e le lenti vanno acquistate all'estero, in quanto l'industria ottica italiana auspicata da Bianchi non è mai nata, grazie anche al "regalo" di Hitler. Il risultato è che i fondi Marshall vengono utilizzati per acquistare le parti ottiche del telescopio dalla ditta "Penn Optical" di Pasadena, in California.

Al tempo di Armellini l'Osservatorio di Monte Porzio è costituito da un grande edificio che richiede ancora impegnative opere di sistemazione: è quasi completamente privo di strade di

Il telescopio Steinheil-Cavignato di Monte Mario
andato distrutto nell'incendio del 1958

accesso, circondato da un'area verde incolta e gli edifici accessori sono tutti ancora allo stato di rustico. L'abusivismo edilizio nell'area di rispetto è riuscito a vincere qualche battaglia e rischia di diventare sempre più aggressivo se l'Osservatorio non troverà una sua piena utilizzazione.

Armellini scompare di lì a un anno e, esattamente come era capitato con il suo vecchio avversario, Emilio Bianchi, la sua fine ci restituisce un tratto umano che, nel corso della sua vita, non è stato sempre facile scorgere.

Nella notte fra il 15 e il 16 luglio 1958, probabilmente per un corto circuito, nella cupola di Monte Mario scoppia un incendio, spento tempestivamente dai Vigili del Fuoco, per cui, almeno a prima vista, i danni risultano limitati. Quello che al mattino si scopre è che il calore ha mandato in pezzi le lenti del telescopio cosicché, dopo tanti anni di sforzi e di polemiche, il risultato è che l'astronomia a Roma si trova, quanto a strumenti per osservare il cielo, in una situazione non migliore di quella nella quale si trovava Padre Secchi un secolo prima. Armellini, guardando il telescopio ormai inutilizzabile, viene colpito da un infarto e non c'è neppure il tempo di trasportarlo in ospedale. Viene sepolto a Boville Ernica, un bel paese in provincia di Frosinone, dove, all'interno del Duomo, c'è una lapide sulla quale è scolpita la veduta dell'Osservatorio di Monte Mario, con la Torre Solare in bella evidenza.

Negli anni successivi a quelli della scomparsa di Armellini, i luoghi dell'astronomia a Roma crescono sia per numero che per ampiezza dell'orizzonte scientifico. Nascono nuove cattedre universitarie per avviare i giovani allo studio dell'astronomia, dell'astrofisica, dei raggi cosmici e di quei fenomeni che la teoria fisica prevede e che ci si aspetta verranno presto osservati direttamente. Prende corpo, cioè, il passaggio dallo studio dell'astronomia a quello dell'astrofisica.

Massimo Cimino, nuovo Direttore dell'Osservatorio, istituisce assieme a Livio Gratton il Laboratorio di Astrofisica Spaziale con l'idea di farne la sede a Monte Porzio, ma il reperimento dei fondi per il completamento delle opere edilizie va così per le lunghe che, dopo un periodo di ospitalità provvisoria presso l'area del Comitato Nazionale per l'Energia Nucleare, il Laboratorio trova la sua sede in un villino a Frascati e stabilisce una sezione di Planetologia in un appartamento non lontano dall'Università *La Sapienza*.

Contemporaneamente prende corpo un Laboratorio per lo studio del Plasma nello Spazio, che successivamente si trasforma nell'Istituto di Fisica dello Spazio Interplanetario ospitato a Frascati, all'interno dell'area dell'Agenzia Spaziale Europea. Negli anni più recenti, poi, verranno istituite due nuove università romane, in aggiunta a quella storica di *La Sapienza*, all'interno delle quali vengono coltivati gli studi di astrofisica.

A partire dagli anni '60 non ha quasi più senso tentare di riconoscere i luoghi dell'astronomia a Roma, anche perché i nuovi Osservatori sono sempre meno visibili: qualcuno si trova nello spazio a bordo di un satellite, di lì a poco qualcuno verrà collocato dentro una galleria, come quella del Gran Sasso, al riparo dai disturbi che provengono dal cosmo, e anche i telescopi all'apparenza più riconoscibili si trovano oramai in posti lontanissimi, alle isole Canarie, in Cile o al Polo Sud. Ancora più difficile, quasi impossibile, diventa nominare i protagonisti della ricerca in astrofisica, tanto sono numerosi e tanto vasti i campi nei quali lavorano. Quello che è indiscutibile è che l'astrofisica diventa, negli ultimi 30 anni del secolo scorso, un fiore all'occhiello della ricerca scientifica italiana e che l'astrofisica romana di sicuro non sfigura in questo panorama. Tutt'altro.

Per un romano, però, l'Osservatorio continua ad avere un significato speciale perché a Roma l'astronomia non solo si vede, ma si incontra. Non che per questo gli astronomi siano persone particolarmente importanti, come magari accadeva nei tempi passati – altre sono le scienze che costituiscono il cardine del dibattito politico ed economico del momento – ma l'astronomia, specialmente a Roma, conserva il connotato di scienza umana per eccellenza che non parla solo ai tecnici: qualunque cosa dica un astronomo viene vagliata e confrontata con quello che ognuno pensa e con quello che direbbe la Chiesa. A Roma più che da altre parti, perché a Roma gli astronomi del Vaticano ci sono ancora e non è difficile incontrare questi uomini di scienza che coniugano, apparentemente senza difficoltà, la ricerca scientifica e la loro fede.

Per questo vale la pena di raccontare quello che è oggi l'Osservatorio di Roma.

Negli anni '60 il Direttore Cimino, premuto dalle esigenze di spazio a Monte Mario, riesce finalmente a reperire i fondi per rendere agibile l'edificio principale di Monte Porzio, ma resta il problema di cosa fare con un edificio così grande e così vuoto. Cimino prende diverse iniziative: crea un gruppo di ricerca per lo studio della ionosfera e cede, a questo scopo, parte dei locali all'Istituto Nazionale di Geofisica, che monta due stazioni radiotrasmittenti nel parco dell'Osservatorio; cede poi, a titolo di collaborazione scientifica, una delle cupole minori all'Osservatorio Reale di Edinburgo, che vi installa un telescopio Schmdt, dello stesso tipo di quello di Campo Imperatore. Tutte queste iniziative, tuttavia, non riescono a costituire una reale motivazione per l'esistenza dell'Osservatorio.

Fra le diverse iniziative, Cimino ne prende una che avrà conseguenze per la memoria dell'astronomia romana: crea, infatti, un Laboratorio di Restauro a Monte Porzio[84], nel quale nel 1966 vengono trasportati molti pezzi del Museo Astronomico per essere restaurati, e realizza un magazzino

"che contiene fra l'altro una serie di telescopi delle antiche specole romane, antichi strumenti di meteorologia, ed altri interessanti oggetti che non potevano trovare posto sufficiente nelle sale di Monte Mario"[85].

In altri termini, da questo momento, il Museo dell'Osservatorio di Roma viene diviso in due parti, una a Monte Mario e una a Monte Porzio. Sul momento, magari, il fatto non sembra particolarmente rilevante, ma lo diventa quando, col passare del tempo, Monte Porzio cessa di essere una sede secondaria e, alla fine degli anni '90, supera nel numero di ricercatori, la sede di Monte Mario. Si tratta di un processo naturale dal momento che le nuove leve di astronomi preferiscono stabilirsi in una sede nella quale ci sono a disposizione spazi per i loro uffici e per i loro laboratori, piuttosto che restare a Monte Mario, in un luogo nel quale non esiste la possibilità fisica per alcuna espansione delle attività.

---

[84] M. Cimino, 1973, *Il Museo Astronomico e Copernicano dell'Osservatorio Astronomico di Roma*, Contributi Scientifici, Serie III, n. 125, p. 5
[85] M. Cimino, *ibidem*, p. 6

Quello che fa veramente la differenza è però che a Monte Porzio non ci sono solo spazi per i ricercatori, ma anche per gli studenti. A poco a poco l'Osservatorio vede crescere il numero di questi ragazzi che, forse inconsapevolmente, trasmettono agli astronomi più anziani la prospettiva che valga la pena di impegnarsi a valorizzare quella sede, in gran parte ancora da inventare.

Viene realizzata la strada di accesso così come era prevista nei disegni originari, l'area verde che circonda l'Osservatorio viene trasformata in un vero parco e, da un edificio che la guerra ha lasciato allo stato di rustico, si ricava una foresteria per ospiti stranieri che fanno la fila per trascorrere periodi di studio all'Osservatorio, richiamati dall'interesse per i nuovi progetti scientifici di spessore internazionale che vanno nascendo.

La gente dei Castelli romani assiste con curiosità a questa trasformazione e quando, una sera d'estate, gli astronomi rivolgono un invito pubblico ad assistere a "Una serata sotto le stelle", le persone accorrono in massa. Non è stato preparato nessuno spettacolo da "Suoni e Luci", ma, semplicemente, le persone si siedono sul prato mentre un astronomo indica con un faro le costellazioni che si vedono in cielo, descrive i movimenti degli astri e, a poco a poco, finisce col parlare di come è fatto l'Universo, della sua origine e del suo destino. È quel cielo che avvolge tutti il vero spettacolo e sono queste persone che vogliono sentir parlare di astronomia la marcia in più della quale dispone l'Osservatorio.

Nasce così l'idea di rendere più sistematici e didattici questi incontri, per cui, all'interno di un edificio che avrebbe dovuto ospitare il terzo dei telescopi del Führer, viene realizzato l'*Astrolab*, una struttura didattica nella quale, attraverso dei modelli, vengono spiegati i concetti più complessi dell'astrofisica moderna. La caratteristica dell'*Astrolab* è che i visitatori sono invitati a partecipare agli esperimenti, per esempio gonfiando con una pompa di bicicletta un modello di universo, gettando delle biglie in un "buco nero" e entrando in una stella per osservare le reazioni nucleari che avvengono al suo interno.

Il ruolo delle guide per spiegare la fisica di questi fenomeni è svolto dagli studenti dell'Osservatorio che si misurano, per la prima volta nella loro vita, con l'impresa di fornire spiegazioni non ai loro docenti, ma a persone che non conoscono l'astrofisica e che hanno solo una gran voglia di conoscerla.

Un valore aggiunto dell'Osservatorio di Monte Porzio è scoperto per caso dai bambini della scuola elementare di Monte Porzio, diventati frequentatori abituali dell'Osservatorio. Nella primavera del 1994 si organizza all'Osservatorio la "festa degli alberi" e i bambini, mentre scavano delle buche per piantare alcuni alberelli in una zona pianeggiante del parco, provocano una piccola frana che scopre degli ambienti sottostanti che si rivelano essere delle sostruzioni di epoca romana. I lavori successivi della Soprintendenza ai Beni Archeologici portano alla luce una villa di epoca imperiale, suggestivamente identificata con quella di Matidia Augusta, suocera dell'Imperatore Adriano e l'Osservatorio, che viene autorizzato a custodire e a esporre i reperti archeologici, diventa sempre più un riferimento di interesse culturale per l'area dei Castelli Romani.

Resta un neo all'Osservatorio di Monte Porzio: la cupola che avrebbe dovuto ospitare il grande telescopio di Hitler è desolatamente vuota. Si tratta di un problema non da poco, perché la cupola è visibile da chilometri di distanza e tutti i visitatori, dopo aver visitato l'*Astrolab*, o dopo aver assistito a una conferenza, invariabilmente chiedono "Si può vedere il telescopio?" Purtroppo non c'è nessun telescopio da vedere, a parte quelli didattici posti in una casetta annessa al parco, e non è neppure immaginabile acquistare un telescopio moderno da piazzare in una cupola dalla quale oramai si vedono solo le luci di Roma.

A dir la verità, esiste *un* telescopio che avrebbe senso mettere nella cupola di Monte Porzio e sarebbe proprio quello originale di Hitler, che costituirebbe il completamento del percorso storico che ha compiuto l'Osservatorio. Quel telescopio, però, è stato trovato alla fine della Guerra dalle truppe russe, che lo hanno acquisito a titolo di riparazione dei danni di guerra e spedito all'Osservatorio di San Pietroburgo, dove è ancora in funzione con il nome di *Mussolini telescope*. L'impresa di riuscire a ottenere il vecchio telescopio, che peraltro non è mai arrivato in Italia, è disperata perché i russi lo detengono con pieno diritto. L'Osservatorio, tuttavia, prova ad allacciare i contatti e un primo risultato è che si stabiliscono rapporti di grande cordialità che permettono di comprendere i punti di vista reciproci.

"Qualunque oggetto che fa riferimento alla II guerra mondiale, momento anche simbolico di liberazione e di unità nazionale" – chiarisce il Direttore dell'Osservatorio di Pulkovo – "assume agli occhi dei russi un aspetto sacrale che non permette l'apertura di un dialogo sul Mussolini telescope, tuttavia" – continua – "siamo pronti a esaminare la possibilità di una collaborazione scientifica basata su un nuovo telescopio che abbiamo appena costruito..."

L'accordo viene immediatamente stipulato e prevede che il telescopio russo, chiamato AZT-24, venga installato a Campo Imperatore, che gli italiani lo dotino di un rivelatore nell'infrarosso e che gli astronomi russi abbiano il diritto di utilizzarlo per due mesi all'anno.

Il telescopio arriva a Campo Imperatore nel 1995 e l'Osservatorio di Roma si trova finalmente a disporre di un luogo che ospita strumenti che permettono di svolgere osservazioni astronomiche e di iniziare gli studenti alle tecniche dell'astronomia osservativa.

Anche la grande cupola di Monte Porzio trova una sua definitiva destinazione perché, se non può contenere un telescopio, è pur vero che può essere utilizzata come contenitore, anche simbolico, di cultura. È il parallelismo fra cupole dell'astronomia e cupole delle chiese, fra studio e fede, inscindibili nella storia dell'astronomia a Roma, che suggerisce l'idea, ora realizzata, di trasformarla nella grande biblioteca dell'Osservatorio, segnando il completamento dell'opera edilizia iniziata sessanta anni prima.

All'inizio del nuovo secolo si avverte in Italia l'esigenza di riorganizzare la ricerca in Astrofisica, un'esigenza che si comprende facilmente guardando quanto si è sviluppata l'attività scientifica in questo campo. A tale scopo viene creato l'Istituto Nazionale di Astrofisica, l'INAF, che essenzialmente centralizza le attività di tutti gli Osservatori Astronomici e, successivamente, anche quelle degli Istituti di Astrofisica del CNR. La riorganizzazione, che riguarda tutti gli Osservatori italiani, ha delle conseguenze particolari su quello di Roma, perché l'Istituto appena creato stabilisce che l'Amministrazione dell'INAF venga collocata a Monte Mario e che la sede dell'Osservatorio di Roma sia spostata a Monte Porzio. La decisione in sè è corretta perché tutte le attività

Il grande telescopio rifrattore Zeiss oggi all'Osservotorio di Pulkovo, denominato *Mussolini Telescope*

scientifiche e tecnologiche dell'Osservatorio di Roma si trovano oramai a Monte Porzio, ma ciò che non viene preso in considerazione è che un Osservatorio come quello di Roma è fatto, sì, dai suoi laboratori, dai suoi astronomi e dai suoi studenti, ma anche dalla sua storia, quella che abbiamo tentato di raccontare in queste pagine. Sarebbe naturale, quindi, provvedere a unificare le due metà del Museo Astronomico dell'Osservatorio, quella che si trova a Monte Porzio dagli anni del Direttore Cimino e quella che si trova a Monte Mario dopo aver peregrinato fra Collegio Romano, Campidoglio, Palazzo del Debito Pubblico, Accademia di Villa Corsini, seguendo sempre la sede dell'Osservatorio di Roma.

La decisione naturale sarebbe di cogliere l'occasione della riforma per mettere assieme l'Osservatorio moderno e la sua parte storica, in modo che il visitatore possa trovare nello stesso luogo il senso della ricerca moderna e della sua evoluzione dal

'600 fino ai giorni nostri. C'è anche qualcuno che pensa il contrario, cioè che tutta la sede di Monte Mario dovrebbe essere dedicata ad accogliere il Museo dell'Osservatorio. Nel dubbio, l'INAF prende la decisione più semplice, quella di non decidere nulla e lasciando che il Museo di Monte Mario resti, oramai da qualche anno, *momentaneamente* non visitabile, lasciando che la storia dell'astronomia a Roma, a poco a poco, diventi una specia di nebbia dentro la quale ognuno può raccontare di scorgerci quello che più gli fa piacere.

Proprio per questo ho voluto raccontare dei vecchi astronomi romani che, dal tetto di una Chiesa, passavano le notti a cercare di capire il significatio di quel teatro celeste del quale anche loro facevano parte. Proprio per questo ho voluto parlare della Roma del Papa, dei principi, della Roma del re, del duce, dell'astronomia.

Mi accorgo che quando si organizza un congresso di astrofisica, i nostri colleghi stranieri arrivano a Roma quasi aspettandosi di ritrovare le tracce del percorso che, partendo dai luoghi dell'astronomia romana, ha portato anche loro a studiare le cose delle quali Galileo discuteva con Clavio e con Bellarmino. Da romani ne siamo orgogliosi e, quando negli intervalli dei congressi, ci troviamo a passeggiare per il centro con qualche collega, non sappiamo resistere alla tentazione di farli passare davanti al Collegio Romano, di entrare nella Casanatense, di mostrare la falsa cupola di S. Ignazio, parlando dei luoghi dell'astronomia a Roma. La meraviglia dei colleghi stranieri è nell'ascoltare e nel vedere un balzo fra un passato a loro estraneo e un presente di scienza e tecnica da loro condiviso. Questo balzo è colmato dalla familiarità e dall'universalità dei luoghi e delle strade romane. Quello che non possiamo neppure provare a trasmettere, però, è lo spirito del popolano romano di Belli, abituato a vivere a diretto contatto col Padreterno, che resta ammirato del "lavoro" che il Signore ha fatto mettendo in cielo un tesoro di stelle che si muovono da sole e quasi se ne vanta col suo amico, Raffaele. Ma poi, con la confidenza che solo i romani hanno col Creatore (non è mica stato inutile vivere qualche secolo a contatto col Papa!), non sa rinunciare a dargli un consiglio, perché le stelle sono belle, è vero, ma sono così piccole da sembrare due occhietti di gallina! Ma, insomma — chiede al Signore — che ti costava a farle grandi, non dico tanto, ma almeno come la Luna?

Che te ne pare? Nun è un ber lavoro
Ch'ha fatto Gesù Cristo, eh Raffaele?
Mette per aria tutto quer tesoro,
che se move da sè! Che cose belle!

Questo sì, so' un po' troppo piccinine
Perchè de tante nun ce n'è manc'una
che nun pàrino occhietti de galline.

Che je costava a Dio? Poca o gnusuna
fatica de crealle, per un dine,
granne, ar meno che sii, come la luna.

Giuseppe Gioacchino Belli, 1833

Referenze iconografiche

p. 6: Sabino Maffeo, 1991, *Cento anni della Specola Vaticana,* Vatican Obs. Foundation & Pontificia Academia Scientiarum

p. 9: *idem*

p. 26: collezione privata

p. 47: Giorgio De Sepi *Antiporta* di *Romani Collegi Societatis Jesu Musaeum Celeberrimum,* Amsterdam 1678

p. 54: *ibidem*

p. 110: P. Emanuelli, 1933, *L'Astronomia in Roma,* C. E. Leonardo Da Vinci, Roma

p. 123: *ibidem*

p.128 : *Notizie sopra all'Osservatorio privato di Paolo Bulla,* Tip. Regia Accademia dei Lincei, Roma 1881

p. 134: A. Secchi, *L'astronomia a Roma nel Pontificato di Pio IX,* Roma 1877

p. 146: *ibidem*

p. 152: collezione privata

p. 158: Archivio di Stato, Segreteria Particolare del Duce, Carteggio. Archivio di Stato, Segreteria Particolare del Duce, Carteggio.

p. 159: G. Armellini, *Il Regio Osservatorio e Museo Astronomico di Monte Mario,* Istituto di Studi Romani ed., 1939

p. 160: M. Cimino, *The Rome Astronomical Observatory,* Contributi Scientifici Osservatorio di Roma, serie III, n. 25, 1964

p. 165: Archivio storico Osservatorio Astronomico di Brera-Milano

p. 169: M. Cimino *op. citata*

p. 175: collezione privata

Tavole fuori testo

Tavola 1:

In alto: Comune di Monte Porzio Catone
In basso: foto Benedetti, da *Viaggio nel Cosmo*, Marsilio ed.

Tavola 2:

In alto: Archivio Vaticano
In basso: *Notizie sopra all'Osservatorio privato di Paolo Bulla,* Tip.
    Regia Accademia dei Lincei, Roma 1881

Tavola 3:

Osservatorio Astronomico di Roma, Monte Porzio Catone

Tavola 4:

Osservatorio Astronomico di Roma, Monte Porzio Catone

i blu

Passione per Trilli
Alcune idee dalla matematica

R. Lucchetti
2007, XIV, pp. 154
ISBN: 978-88-470-0628-7

Tigri e Teoremi
Scrivere teatro e scienza

M.R. Menzio
2007, XII, pp. 256
ISBN 978-88-470-0641-6

Vite matematiche
Protagonisti del '900 da Hilbert a Wiles

C. Bartocci, R. Betti, A. Guerraggio, R. Lucchetti (a cura di)
2007, XII pp. 352
ISBN 978-88-470-0639-3

Tutti i numeri sono uguali a cinque
S. Sandrelli, D. Gouthier, R. Ghattas (a cura di)
2007, XIV pp. 290
ISBN 978-88-470-0711-6

Il cielo sopra Roma
I luoghi dell'astronomia

R. Buonanno
2007, X pp. 186 + 4 pp. a colori
ISBN 978-88-470-0671-3

Di prossima pubblicazione

Buchi neri nel mio bagno di schiuma
***ovvero** l'enigma di Einstein*
C.V. Vishveshwara

Il mondo bizzarro dei quanti
S. Arroyo

Il senso e la narrazione
G. O. Longo

L'Osservatorio
Astronomico
di Monte Porzio
Catone oggi

L'Osservatorio
Astronomico
di Monte Mario
oggi

La meridiana inserita nell'affresco
La tempesta sedata nella Torre dei Venti.
Lo gnomone è costituito dalla bocca
di Dio, in alto sulla destra,
che scatena la tempesta

Il cielo sopra
Roma visto
dall'Osservatorio
Bulla
la notte del
3 Marzo 1881

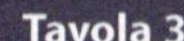

Tavola sciaterica di *Athanasius Kircher Sciatericon Physico-medico-mathematico*: relazione fra Universo e Uomo. Utilizzando l'apposito orologio solare tracciato sulla tavola stessa, è possibile prevedere i periodi migliori e peggiori per iniziare le attività umane. Al centro della tavola, Euclide che disegna figure geometriche, e Tolomeo che osserva l'universo

Tavola sciaterica di *Athanasius Kircher Sciatericon totius motus primi mobilis*, calendario gregoriano nel quale sono riportate le fasi lunari

Tavola sciaterica di *Athanasius Kircher Sciatericon duodecim signorum quavis hora ascendentium et descendentium*: tentativo di definire i ventiquattro fusi orari della Terra

Dettaglio: la Vergine danza, partecipe della meraviglia dell'autore che osserva l'universo

Tavola 4